HONIGBIENEN

Geheimnisvolle Waldbewohner

Mit Fotografien von INGO ARNDT
und Texten von JÜRGEN TAUTZ

KNESEBECK

»EINE ATEMBERAUBENDE ENTDECKUNGSREISE
IN DIE GEHEIMNISVOLLE WELT UNSERER BESTEN FREUNDIN
IM REICHE DER INSEKTEN«

ICH DENKE, JEDER BRAUCHT HONIGBIENEN, zumindest ein bisschen. Ihnen zuzusehen, wie sie auf Blüten herumschwirren, um Pollen und Nektar zu sammeln, wie sie sich an Bachrändern Wasser holen oder wie sie in ihre festungsartigen Bauten hinein- und wieder herausfliegen, bringt uns die Wunder der Natur im Alltag ein Stück näher und gewährt uns dadurch einen flüchtigen Blick auf das Leben jenseits unserer menschlichen Alltagssorgen. Besonders gilt dies für die wild und frei lebenden Honigbienenkolonien, die, kaum von uns bemerkt, in hohlen Bäumen tief im Inneren unserer Wälder nisten.

Das Verhalten, Sozialleben und die Ökologie dieser frei lebenden Honigbienen beschreibt das hochinteressante Buch, das Sie gerade in Händen halten. Der Naturfotograf Ingo Arndt und der Verhaltensbiologe Jürgen Tautz entführen Sie gemeinsam auf eine faszinierende visuelle Reise, die Ihnen die unvergleichliche Schönheit der Welt der Honigbiene eröffnet, unserer liebsten Freundin unter den Insekten.

Thomas D. Seeley
Professor an der Cornell University,
Verhaltensbiologe und Bienenforscher

DIE HONIGBIENE, EIN WALDINSEKT

EINLEITUNG

Die kalte Jahreszeit lässt Insekten erstarren. Sie überleben durchgefroren und scheintot unter loser Baumrinde oder im Erdboden vergraben. Sie überleben als Ei, als Larve, im Puppenstadium oder auch als fertig entwickeltes Insekt. So wie die künftigen Königinnen der Wespen, Hornissen oder Hummeln, die als Einzige ihrer Artgenossen im Herbst nicht sterben.

Anders die Honigbienen. Deren Völker verbringen den Winter bestens geschützt und durch eigene Wärmebildung kuschelig eingebettet in hohlen Bäumen im Wald. Dies war zumindest so lange ihr natürliches Lebensumfeld, bis der Mensch dazu überging, seine Welt und die der Bienen entscheidend zu verändern. Seitdem Imker Honigbienen zu Haustieren gemacht haben, kennt man sie nur noch als Bewohner von Behausungen, die der Mensch ihnen anbietet.

Aber es gibt sie noch, die wild lebend und waldlebenden Honigbienen in hohlen Bäumen – auch in unseren Breiten. Und sie sind wichtiger und wertvoller denn je in Zeiten, in denen die Bedeutung der Aufrechterhaltung einer Biodiversität auch in unseren Wäldern immer besser verstanden wird und in denen das Wissen um die Biologie frei lebender Honigbienen helfen könnte, die Imkerei neu zu denken.

Um mehr über diese wild lebenden Honigbienen zu erfahren, waren wir in heimischen Wäldern unterwegs und sind dort der *Apis mellifera*, der Westlichen Honigbiene, begegnet. Neben dieser Art gibt es weltweit noch viele weitere Bienenarten, deren wichtigste die Asiatische oder Östliche Honigbiene ist, die vor allem in Asien vorkommt.

Honigbienenvölker leben auch heute noch in beachtlicher Anzahl, vom Menschen weitgehend unbemerkt und deshalb in der Häufigkeit ihres Vorkommens stark unterschätzt, in hohlen Bäumen im Wald. Sie leben unter Bedingungen, die über eine endlose Generationenfolge ihre Eigenschaften und ihre Fähigkeiten geformt haben. Es darf also nicht verwundern, wenn diese Honigbienen, Waldbewohner seit ehedem, nach allem, was wir heute wissen, mit Krankheiten und Parasiten sehr viel besser zurechtkommen als unsere »Haustier«-Bienen. Das müssen sie auch, es steht ihnen kein helfender Imker zur Seite. Befasst man sich mit den Honigbienen im Wald, in ihrem angestammten Lebensraum, wird rasch klar, in welch hochkomplexe Beziehungen sie eingebettet sind und welche überragende erhaltende und gestaltende Rolle sie für ihre Umwelt spielen.

Lebensräume sind dann besonders stabil, wenn sie auf einer Vielfalt an Arten von Pflanzen, Tieren und Mikroorganismen beruhen, die untereinander vernetzt und voneinander abhängig sind. Der Wald macht hier keine Ausnahme. Was aber ist ein Wald? Was zeichnet ihn aus? Ohne Bäume geht es nicht, aber viele Bäume machen noch keinen Wald. Wesentlich ist das dichte Beisammenstehen der Bäume. Dadurch entsteht ein Waldklima und damit ein Merkmal, das zur

—
VORHERGEHENDE DOPPELSEITEN
Legenden siehe Seite 192
—
OBEN
Eine Biene sammelt an einer Tanne Honigtau, aus dem im Bienennest der Waldhonig produziert wird

Alleinstellung taugt. Waldklima zeichnet sich durch ausgeglichene Temperaturen, abgeschwächte Luftbewegungen, eine gedämpfte Helligkeit und eine höhere Luftfeuchte aus. Diese Faktoren sind nicht nur klimatologische Messgrößen, sondern Lebensbedingungen – auch für die Honigbienen. Viele Eigenschaften und Fähigkeiten der Honigbienen sind aus ihrem Leben als Waldbewohner zu erklären. Aber auch viele der heutigen Probleme rund um die be-imkerten Honigbienen werden verständlich, wenn der Wald als der Lebensraum betrachtet wird, an den unsere Honigbienen angepasst sind.

»VIELE EIGENSCHAFTEN UND FÄHIGKEITEN DER HONIGBIENEN SIND AUS DEN LEBENSBEDINGUNGEN IM WALD ZU ERKLÄREN.«

Wir Menschen haben in das natürliche Leben der Honigbienen stark eingegriffen. Wir halten sie in geometrisch exakt gebauten, genormten Kästen, im besten Fall aus Holz. Wir haben unsere Umwelt und die der Honigbienen auf das Massivste verändert.

—

LINKE SEITE

Sammelbiene bei der Vorbereitung zur Landung auf einer Goldrute

—

NACHFOLGENDE DOPPELSEITE

Wilder Bärlauch, ein Blütenparadies für die waldbewohnenden Bienen

Große, zusammenhängende Waldgebiete sind gewichen, und wo vorhanden, werden sie kaum als Standorte für Bienenvölker genutzt. Eine kommerziell optimierte Forstwirtschaft hat dazu geführt, dass Wälder zur einfacheren Bearbeitung als abgezirkelte Monokulturen angelegt sind, die nichts mehr mit einem gesunden, ausbalancierten Wald zu tun haben.

Die Anfälligkeit derartiger Biotope für Schädlinge sowie die eingetretene Erwärmung unserer Atmosphäre – wir nennen sie weniger bedrohlich klingend den Klimawandel – bedingen ein zunächst noch zaghaftes Umdenken darüber, welche Art von Wald wir eigentlich haben wollen. Es ist sehr spannend zu verfolgen, dass auch in diesem Zusammenhang die Honigbiene ein Thema ist. Wobei sofort klar wird, wie wenig wir über das Leben der Honigbienen in ihrer natürlichen Umgebung, dem Wald, wissen.

Hat der Wald als natürliche Umwelt der Bienen für die allermeisten Bienenvölker heute ausgedient, so betreffen die Veränderungen in der Wohnumgebung das »Haustier Honigbiene« noch um einiges stärker. Baumhöhlen beherbergen eine Vielzahl anderer Lebewesen, ein Miniatur-Biotop, das auf die Bienenvölker nicht ohne Auswirkungen bleibt und umgekehrt. Und auch die unbelebten Bedingungen, die das Innere des Baumes den Bienen bietet, finden sich nicht unbedingt in den Behausungen, in denen der Mensch Bienenvölker hält. Das muss für sich genommen kein Problem darstellen, zumal Honigbienen hochbelastbare Lebewesen sind. Allerdings wissen wir über die komplexen Zusammenhänge noch zu wenig, um ein Urteil darüber fällen zu können, ob der ungewollte Auszug der Bienen aus dem Wald den Tieren Probleme bereitet.

Was wir aber sicher sagen können: Wild lebende Bienenvölker sind ein natürlicher Bestandteil gesunder Wälder. Beide Wirklichkeiten sollten nebeneinander existieren: Bienenvölker, die von Imkern zu unser aller Nutzen gehalten werden, aber auch Bienenvölker, die als Wildtiere einen wichtigen Baustein im Ökosystem Wald bilden. Der Imker bietet seinen Honigbienen bestmögliche Bedingungen und kann zugleich von der natürlichen Selektion profitieren, die bei frei lebenden Bienenvölkern greift.

Das vorliegende Buch möchte dem Leser und Betrachter das Leben der Honigbienen in den Wäldern Mitteleuropas näherbringen. Mit bisher nie gesehenen Einblicken wollen wir einen Beitrag dazu leisten, die Honigbiene als das zu betrachten, was sie ist: ein Waldinsekt.

Ingo Arndt & Jürgen Tautz

ZUSAMMENLEBEN IM VERBORGENEN

Höhlen sind Schutzräume gegen die Unbill der Welt außerhalb. Unzählige Tierarten nutzen Höhlen, natürlicherweise vorhandene oder selbst gegrabene. Unsere Ahnen überlebten in Höhlen hartes Winterwetter und die Angriffe von Raubtieren oder feindlichen Menschengruppen. Wetterschutz und Feindabwehr sind auch für Honigbienen wesentliche Vorteile der höhlenbewohnenden Lebensweise. Waben ganz ohne Schutz im Freien errichtet, würden der Bienenkolonie im Winter den Kältetod bringen, im Sommer hätten Vögel und andere Tiere sehr rasch den Honig und die Bienenbrut als lohnende Ziele ausgemacht.

Sind Höhlen absolut unverzichtbarer Bestandteil der Lebensweise und ist man wie die Honigbienen nicht in der Lage, sich diese selbst anzulegen, so muss man auf ein zuverlässiges externes »Wohnungsangebot« zurückgreifen. Ohne eine ausreichende Anzahl an Höhlen mit bienennützlichen Eigenschaften kann sich keine Bienenpopulation entwickeln. Auch an diesem Punkt wird offensichtlich, wie eng vernetzt alles Leben ist. Das gilt auch für die mitteleuropäischen Wälder. Im Fall der Bienenwohnungen wie folgt: Spechte schlagen für ihre eigenen Nester Höhlen in die Bäume. Werden Spechthöhlen nicht mehr von ihren Baumeistern genutzt, stehen sie einer Vielzahl anderer Interessenten zur Verfügung. Dazu gehören auch die Honigbienen.

Der Einzug in eine Baumhöhle, das Errichten der Waben und die Maßnahmen, mit denen die Bienen die Höhle umgestalten, sind Gegenstand des Kapitels »Einzug in eine Spechthöhle«. Die Aufbauphase, also die Zeit von der Besiedlung der Höhle bis zum fertigen Ausbau der Waben im ersten Jahr, ist ein höchst kritischer Zeitraum, in dem sich entscheidet, ob die Kolonie erfolgreich Fuß fassen kann. Die meisten Bienenschwärme schaffen es nicht. Über die genauen Ursachen für die Verluste während der Gründungsphase kann man spekulieren. Waren keine geeigneten Wohnhöhlen vorhanden? War die Arbeitskraft der Schwärme zu schwach, um rasch für das Anlegen von Brut den dafür nötigen Nektar und Pollen zu beschaffen? Waren überhaupt zur richtigen Zeit und in der Umgebung des neuen Nestes ausreichend Nahrungsquellen vorhanden?

Ist der Neuaufbau aber erfolgreich abgeschlossen, spielt sich der Alltag der Bienenkolonie ein, über viele Jahre hinweg, falls den Bienen kein Unglück zustößt.

Im Höhlenleben der Honigbienen bilden die Waben den Lebensmittelpunkt. Sie sind Produktionsstätte und Speicherraum für den Honig, Aufbewahrungsort für Pollen, Kinderstube für die Larven und Puppen und das »Telefonnetz« zur Kommunikation. Die Waben tragen chemische Orientierungsmarken, die im dunklen Nest als Wegweiser für die Bienen dienen und ihnen Hilfestellung für eine optimale Auslastung der Bauwerke aus Wachs bieten. Die Nutzung der einzelnen Zellen der Waben bietet ein eindrucksvolles, wohlgeordnetes Bild. Kein Durcheinander, sondern ordentlich

aufgeteilt in Bereiche zur Herstellung und Lagerung des Honigs, zur Unterbringung von Pollen und zur Aufzucht.

Betrachtet man diese Ordnung im Überblick, stellt sich zwangsläufig die Frage: Wer dirigiert all die Tätigkeiten der Bienen, die in diese sichtbare Ordnung münden? Die Antwort: niemand. Alle sogenannten emergenten Resultate, hervorgegangen aus den Aktivitäten Tausender von Bienen, sind das Ergebnis der Einzelentscheidungen der Arbeiterinnen. Jede Bienen entscheidet für sich, was sie tut. Die Grundlagen für ihre Entscheidung sind vielfältig: das, was sie im Moment aus ihrer direkten Umgebung wahrnimmt, seien es Reize wie Temperatur oder Düfte und Kommunikationssignale anderer Nestgenossinnen. Das, was sie aus ihrem eigenen Erleben im Gedächtnis gespeichert hat. Und ihre Motivation zum Ausüben oder Nichtausüben einer bestimmten Handlung. Darauf, wie empfindlich eine Biene ist, wie rasch sie demnach zu handeln beginnt, hat das Erbgut ihres Vaters starken Einfluss. Die Vielfachbegattung der jungfräulichen Königin im Hochzeitsflug führt zu entsprechend vielen Halbschwesterlinien im Bienenvolk und damit zu sehr unterschiedlichen »Charakteren« der nach außen hin gleich erscheinenden Arbeitsbienen. So wird erreicht, dass das Bienenvolk als Ganzes immer die richtige Antwort auf äußere Störungen hat.

Eine Zustandsgröße im Nest, die gegenüber Störungen geregelt sein muss, ist die Temperatur. Eine Temperatur um 35 Grad Celsius wird im Brutnest von den Heizerbienen eingerichtet, um den Puppen eine optimale Wärmeumgebung zu bieten. Es ist höchst erstaunlich, dass die Phase in der Entwicklung zur erwachsenen Biene, in der das Gehirn fertig ausgebildet wird, eine Temperatur benötigt, die sehr nahe an der menschlichen Körpertemperatur liegt. Und auch bei uns ist das Gehirn dasjenige unserer Organe, das diese hohe Temperatur für einen ordentlichen Betrieb erfordert. Heizerbienen, die in leeren Zellen im Brutnest stecken, geben ihre Wärme ganz gezielt an benachbarte Puppen ab. Dabei kann eine einzige Heizerbiene bis zu 70 Puppen auf beiden Seiten der Wabe mit Wärme versorgen. Heizerbienen, die auf der Wabe sitzen und ihren aufgeheizten Brustabschnitt auf einen Zelldeckel des Brutnestes drücken, unter dem eine Puppe in ihrer Kinderstube ruht, geben vor allem auch Wärme an die umgebende Luft ab. Das ist aber für die Regelung des Gleichgewichtszustandes, die sogenannte Homöostase, im Bienennest kein Verlust. Im Gegenteil, diese Wärme ist bedeutend für den Luftfeuchtehaushalt der Bienenbaumhöhle.

Im Bienennest in einem hohlen Baum bildet die Luft keinen einheitlichen Körper, sondern sie ist durch die Waben regelrecht in Scheiben geschnitten. In jeder Luftscheibe bildet sich ein eigenes Kleinklima aus. Dieses Klima kontrollieren die Bienen. Sie erzeugen Wärme, vor allem für die gedeckelten Puppen im Brutnest, und sie können durch Einbringen von Wasser und die Erzeugung von Luftströmungen durch

—

SEITE 25

Eine Sammelbiene früh am Morgen beim gedrosselten Anflug auf die neu bezogene Baumhöhle. Ihren Nestgenossinnen ist es draußen noch zu kalt. Nicht die Helligkeit bei Tagesanfang, sondern die Lufttemperatur am Eingang zum Nest gibt das Startsignal für den Sammelflug. Fächlerinnen rund um den Eingang sorgen für Luftaustausch.

—

NACHFOLGENDE DOPPELSEITE

Arbeiterinnen verhaken sich mit ihren Beinen und bilden ein Netz rund um die Waben – dies insbesondere nachts. Der »Sack« kann weit- oder engmaschig sein. Bei be-imkerten Bienen treten solche Vernetzungen nur sehr begrenzt oder überhaupt nicht auf, sie bilden aber während des Wabenbaus, da dann dafür noch Platz ist, sogenannte Bauketten, sprich mehrere ineinander verhakte Bienen hängen als Kette unter den Waben. Es wurde angenommen, dass die Bienen dies tun, um die Waben lotrecht bauen zu können – eventuell ist dieses Verhalten aber völlig unabhängig vom Bau auf die ursprünglichen Netzbildungen der wildlebenden Honigbienen zurückzuführen.

»Fliegen im Stand« am Ort ihrer Aktion Verdunstungskälte herstellen. Eng verbunden mit der Beeinflussung der Lufttemperatur sind die Folgen der Bienenaktivität für die Luftfeuchte in den Wabengassen. Eine niedrige Luftfeuchte im Bienennest hat viele Vorteile. Am offensichtlichsten ist die Arbeitserleichterung beim Eindicken des Nektars zu Honig, was umso leichter geht, je trockener die umgebende Luft ist. Eine niedrige Luftfeuchte verhindert außerdem Schimmelbildung.

Wie funktioniert der Luftentfeuchter der Bienen? Ein Luftaustausch durch die kleine Öffnung, wie sie die meisten bienenbewohnten Baumhöhlen aufweisen, kann im großen Stil nicht stattfinden. Aber schon wenige Arbeiterinnen, die an dafür geeigneten Stellen auf den Waben sitzen und mit den Flügeln einen Luftstrom erzeugen, sind wirksam. Als kleine lebende Ventilatoren können sie kühlere Luft von weiter unten aus der Höhle nach oben zwischen die Waben lenken. Dort wird sie aufgewärmt, und die relative Luftfeuchte sinkt.

»SCHAUT MAN DEN HONIGBIENEN ZU, KOMMT SOFORT DIE FRAGE AUF: WER DIRIGIERT ALL DIE TÄTIGKEITEN, DIE ZU DIESER SICHTBAREN ORDNUNG FÜHREN?«

Allerdings verringert sich die Wasserdampfmasse dadurch nicht, das Wasser verschwindet ja nicht einfach. Darum hilft es den Bienen, dass das Holz, das die Höhle umgibt, Wasser absorbiert und so dem Nest den Wasseranteil wieder entzieht, den sie mit dem Nektar hereingebracht haben.

—

LINKE SEITE

Die anfangs tropfenförmige Wabe wird innerhalb weniger Tage massiv erweitert. Dabei legen die Bienen am Rand immer wieder neue Näpfchen in dichter »Kugelpackung« an und ziehen diese dann nach oben hin zu Röhrchen aus. Die inneren Spannungen im dabei erwärmten Wachs bewirken, dass die Trennwände zu den sechs Nachbarzellen sich als ebene Schnittflächen organisieren und perfekte Sechsecke bilden.

—

OBEN

Die detaillierten Vorgänge auf der Wabenbaustelle sind kaum beobachtbar, so dicht sitzen die wabenbauenden und wachsschwitzenden Bienen (links). Nur allmählich kommen die wachsenden Waben in den Blick (rechts).

»IHRE BAUWERKE SIND LANGE,
ÜBER VIELE GENERATIONEN VERWENDBAR
UND AM ENDE SOGAR ABBAUBAR.«

—

OBEN

Die Pollenfarbe gibt Hinweis auf die besuchten Blüten (links).
Pollen bleibt beim Besuch von Blüten im »Fell« der Sammelbienen hängen und wird auf dem Heimflug mit den Beinen herausgebürstet und als Paket an den Hinterbeinen befestigt (rechts).

—

RECHTE SEITE
UND NACHFOLGENDE DOPPELSEITE

Der Pollen wird in leeren Zellen verstaut und festgestampft. Mit etwas Honig vermischt, entsteht das Bienenbrot, wertvolle Nahrungsgrundlage des Volkes.

—

LINKE SEITE

Königin mit ihrem Hofstaat: Arbeitsbienen, die sie permanent füttern und putzen und ihr sogar den Kot abnehmen.

—

RECHTE SEITE

Frischer Nektar glänzt in den Zellen (links oben). Beim Erwärmen entziehen ihm die Bienen Wasser, und es entsteht Honig, der dann verdeckelt wird (links unten). Von den Außendienst-Arbeiterinnen übernehmen Innendienst-Bienen den Nektar und verstauen ihn in den Waben (rechts oben). Eine Biene, vielleicht eine erschöpfte Heizerbiene, erbettelt Honig von einer Spenderbiene (rechts unten).

—

VORHERGEHENDE DOPPELSEITE

Königin bei der Eiablage. Hofstaatbienen lenken die Königin in eine leere Zelle – »rückwärts einparken«!

—

LINKS, VON OBEN NACH UNTEN

Die Eier werden einzeln auf dem Boden je einer Zelle befestigt.

Vor der endgültigen Verpuppung passen die Larven gerade noch so in ihre Kinderstube.

Die Verwandlung zur fertigen Biene erfolgt über das Puppenstadium. Die Puppen ruhen in ihren verschlossenen Zellen auf dem Rücken. Für diese Aufnahme wurden die Zelldeckel abpräpariert.

Jede Puppe ist komplett von einer durchsichtigen Hülle umgeben, die eng wie ein Taucheranzug den Körper umschließt. Diese Hülle fällt erst richtig auf, wenn sie von der schlüpfenden Jungbiene abgestreift wird *(siehe auch Seite 46/47).*

—

RECHTE SEITE

Das sieht man immer wieder: Bienen haben die Deckel von Puppenzellen entfernt, inspizieren die Puppen und verschließen die Zellen wieder. Auslöser und Zweck dieses Verhaltens sind unbekannt.

—
Die Waben der Honigbienen, Wunderwerke geschaffen als Gemeinschaftsleistung des Bienenvolkes. Die Waben sind Lagerstätten für Nektar, aus dem die Bienen Honig herstellen. Im Entstehungsprozess reichern die Bienen den Nektar mit einer Vielzahl von Enzymen an und entziehen ihm durch Erwärmung Wasser. Der so entstandene fertige Honig wird in den Waben mit Wachsdeckeln verschlossen. Pollen stampfen die Bienen ein und vermischen ihn mit Honig zu Bienenbrot, einer wichtigen Nahrungsgrundlage des Bienenvolkes. Waben sind auch Kinderstuben; jede Larve wächst in einer eigenen Zelle auf. Die Zellen der Puppen werden mit einem Wachsdeckel verschlossen.

—

Verschlossene Zellen im Brutnest. Die flachen Deckel verraten, dass in den Zellen gerade neue Arbeiterinnen heranwachsen. Auch in den abgedeckten Zellen wird der Nachwuchs intensiv betreut. Heizerbienen erwärmen das Brutnest durchgehend auf etwa 35 Grad Celsius. Im Sommer können an einem einzigen Tag bis zu 2000 junge Bienen im Brutnest aus ihren Zellen schlüpfen.

—

Eine buckelige Oberfläche auf den Brutwaben verrät, dass Männchen, Drohnen, in den Zellen heranwachsen. Zudem ist der Durchmesser ihrer Zellen größer als bei der Arbeiterinnenbrut. Die Biene in der leeren Zelle könnte putzen oder schlafen – der Unterschied zwischen Faulheit und Fleiß ist nicht auszumachen.

—

VORHERGEHENDE DOPPELSEITE

Zwei Arbeiterinnen beim Schlüpfen. Auf ihren Köpfen hängen Reste der durchsichtigen Hülle, die hauteng um Körper, Beine, Fühler und Flügel der Puppe liegt und über deren Funktion man nur spekulieren kann. Vielleicht ein Schutz vor Wasserverlust? Schlupfbereite Bienen beginnen von innen her, den Deckel ihrer »Isolierstation« aufzunagen. Um den Deckel komplett zu öffnen, kommen ihnen von außen meist Arbeiterinnen zu Hilfe.

—

LINKS

Eine fertig entwickelte Drohne kämpft sich in die Welt. Die Fühler ertasten schon durch die kleinste Öffnung die Umgebung und erfassen sofort den Nestgeruch. Die Augen helfen hier zur Orientierung wenig – im Brutnest ist es stockdunkel.

—

RECHTE SEITE

Schlüpfende Drohne; Reste der aufgeplatzten Körperhülle der Puppe sind auf einem Fühler zu sehen. Die Augen der Drohnen sind riesig, die langen Fühler voller Geruchssinneszellen. Das einzige Ziel einer Drohne ist es, als lebender »Spermienbomber« in raschem Flug eine jungfräuliche Königin, die zur Paarung an Drohnensammelplätzen auftaucht, zu ergreifen und Samen in Ihre Majestät zu katapultieren. Dabei spielen Sehsinn und Geruchssinn zusammen, wenn es gilt, hoch in der Luft die Königin zu entdecken und schneller als die Konkurrenten zu sein.

—

Zur Paarungszeit, wenn die Völker neue Königinnen heranziehen, sind die Drohnen akzeptiert, auch wenn sie so gut wie nichts zum Alltag eines Bienenvolkes beitragen. Einziger Nutzen: Ihre dicken Körper können dem Wärmehaushalt dienen, aber eher als unbeabsichtigter Nebeneffekt ihrer Anwesenheit. Sie werden zunächst eine Zeit lang gefüttert und so bei Kräften gehalten.

—

Das Putzen ist ein essenzieller Bestandteil im Verhaltensrepertoire der Honigbienen. Hygiene steht im Bienenvolk ganz oben. Auch die Drohnen werden peinlich sauber gehalten, sie könnten ja sonst, wenn sie erfolglos von ihren Ausflügen auf Brautschau in den Stock zurückkehren, Schmutz und Krankheitserreger in das Volk eintragen. Denn die Drohnen fliegen draußen nicht nur, sie sitzen auch in der Vegetation. Beim Putzen werden Parasiten wie die Varroamilbe zerbissen und entfernt.

Königin Drohne Arbeiterin

LINKE SEITE

Stirbt eine Königin, muss rasch eine Nachfolgerin her. Dafür wird eine Zelle mitten auf einer Wabe als sogenannte Nachschaffungszelle in die Länge gezogen. Diese Nachschaffung funktioniert aber nur, wenn im Bienenvolk noch kleine Larven vorhanden sind, da eine Umpolung zur Königin nur im frühen Larvenstadium möglich ist.

OBEN

Eine neue Königin erblickt das Licht der Welt. Die Arbeiterinnen haben am unteren Rand einer Wabe eine große zapfenförmige Zelle, eine Weiselwiege, angelegt. Die dort geschlüpfte Larve wird, anders als die Larven der Arbeiterinnen und der Drohnen, ausschließlich mit Gelée royale gefüttert, der »Schwesternmilch«, von Ammenbienen in besonderen Drüsen erzeugt.

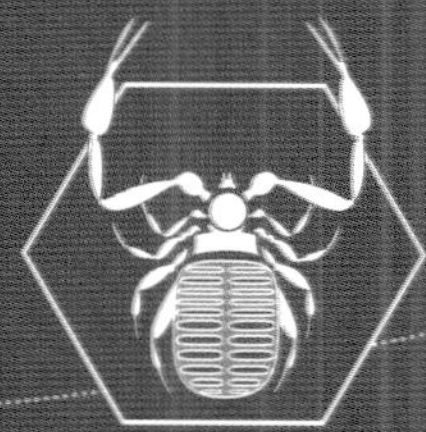

MITBEWOHNER IM BIENENSTOCK

Behausungen, in denen der Mensch Honigbienenvölker einlogiert, heißen Beuten. Als Mitbewohner der Bienenvölker kennt der Imker in diesen Beuten nur Feinde der Honigbienen. An erster und prominentester Stelle den importierten Neuparasiten, die Varroamilbe. Ferner die ebenfalls parasitische Tracheenmilbe, die wabenzerstörende Kleine und die Große Wachsmotte sowie den Kleinen Beutenkäfer, der Pollen, Honig und die Brut frisst und dabei die Nester der Bienen komplett zerstört. Der Imker sieht sich in der Verantwortung, seine Bienenvölker vor diesen »Untermietern« zu schützen, und bekämpft sie massiv. Dafür werden vorrangig Gifte eingesetzt, mit allen damit verbundenen Problemen. Man möchte die Parasiten entscheidend treffen, aber die Bienen sollen verschont bleiben. Angesichts der räumlichen Enge im Zusammenleben dieser Organismen keine leicht lösbare Aufgabe. Die eingesetzten Gifte sollen möglichst nicht im Wachs und schon gar nicht im Honig auftauchen. Kein Wunder also, dass der Imker auf Mitbewohner im Bienenstock alles andere als gut zu sprechen ist.

Kommen diese und weitere Mitbewohner auch in den Nestern wild lebender Bienenvölker vor? Welche Tier- und Pflanzenwelt entwickelt sich in hohlen Bäumen, in denen Bienenvölker ihre Waben bauen? Welche Wechselwirkungen zwischen den unterschiedlichen Lebewesen treten dabei in Erscheinung? Fragen über Fragen, die so noch nicht sehr lange gestellt werden. Das Interesse an wild lebenden Bienen und deren Lebensumständen ist recht neu.

Entsprechend große Hohlräume in Baumstämmen, insbesondere wenn es ursprünglich Spechthöhlen waren und sie nur durch eine kleine Öffnung mit der Außenwelt in Verbindung stehen, sind perfekt dafür geeignet, ein kleines, eigenes, nahezu geschlossenes Ökosystem entstehen zu lassen. Dabei vergesellschaftet sich das Bienenvolk mit Mikroorganismen, aber auch mit vielzelligen Lebewesen wie Würmern und Gliedertieren. In einem Ökosystem, selbst in dem Miniatur-Ökosystem einer Baumhöhle, sind die Lebewesen eng miteinander vernetzt. Und anders als in den künstlichen Beuten bilden sich hier positive Beziehungen zwischen Honigbienen und ihren Mitbewohnern: Bienen im Wald haben ihre Helfer.

Historische Beschreibungen aus Zeiten, in denen Bienen in Strohkörben oder Klotzbeuten, also in einfachen ausgehöhlten Baumstammabschnitten, gehalten wurden und in denen die Varroamilbe noch nicht in Europa angekommen war, listen als regelmäßig angetroffenen Mitbewohner der Bienenvölker den Bücherskorpion. Ein kleines, nur wenige Millimeter großes Spinnentier, dem seine winzigen Scheren das Erscheinungsbild eines echten Skorpions geben. Klotzbeuten und erst recht Bienenbehausungen aus Stroh bieten diesen Tierchen Lebensraum in der Wohnwelt der Honigbienen. Hier können sie sich verbergen, vermehren und auf Jagd nach noch winzigeren Beutetieren gehen. Imker haben den Bücherskorpion gerne gesehen. Sie schätzten ihn als einen Vernichter der Tracheenmilbe, eines

—

SEITE 54

Ein Bücherskorpion auf einer Wabe. Zoologisch gesehen gehört er zu den Spinnentieren, die sich dadurch leicht von den Insekten unterscheiden lassen, dass sie acht statt nur sechs Beine haben. Wie Letztere gehören auch die Spinnentiere zum Stamm der Gliederfüßer.

—

OBEN UND RECHTE SEITE

Bücherskorpione sind zuverlässig anzutreffende Mitbewohner in Bienennestern im Wald. Es wurde sogar beobachtet, dass sie an Bienen angeklammert Schwarmauszüge mitmachen und so eine Nest-Neugründung von Beginn an begleiten. In früheren Jahren der Imkerei war dieses Tier auch in Strohbeuten bekannt und sehr geschätzt, da Bienenparasiten auf seinem Speisezettel stehen. Schafft man ihm in Beuten passende Lebensbedingungen, kommt er als Helfer des Imkers gegen die Varroamilbe infrage.

—

Eine Varroamilbe läuft über den Hinterleib einer Arbeiterin. Dieser Parasit, von seinem angestammten Wirt, der Asiatischen Honigbiene, auf die nah verwandte Art der Westlichen Honigbiene weitergewandert, stellt heute die größte Bedrohung für unsere Bienenvölker dar.

—

Gegenseitiges Putzen gehört zu den wichtigsten Tätigkeiten im Bienenstaat. In der Enge des Nestes ist Hygiene ein absolutes Muss. Dabei werden auch Parasiten wie die Varroamilb zerbissen. Bienenzüchter bemühen sich um genetische Veränderungen bei den Bienen, die zu einem noch ausgeprägteren Putzverhalten führen.

LINKE SEITE

Unbesetzte Waben eines leeren Bienennestes werden rasch von Wachsmotten entdeckt. Deren Larven zerstören die Waben, verarbeiten sie zu einem unansehnlichen Klumpen aus Wachs und Gespinstfäden und schaffen so Raum für neuen Wabenbau eines frischen Bienenschwarmes auf Wohnungssuche.

kleinen Parasiten, der in den Röhren des Atemsystems, den sogenannten Tracheen, der Bienen lebt und der auf dem Speisezettel des Bücherskorpions steht.

Moderne Bienenbeuten bieten dem Bücherskorpion keinen Lebensraum. Die geometrisch exakten Bauten aus blank gehobelten Holzbrettern weisen keine Ritzen und Spalten auf, in die er sich zurückziehen kann, und sie bieten keine Nahrung für seine Jugendstadien, die, entsprechend winzig, von noch winzigeren Opfern wie Staubläusen leben. Die heute notwendige Bekämpfung der Varroamilbe mit chemischen Mitteln überleben Bücherskorpione auf keinen Fall. Sie sterben sogar schon, lang, bevor die recht robuste Varroamilbe endgültig getroffen wird. Die Bücherskorpione sind aus unseren Bienenstöcken verschwunden. Es gibt Ausnahmen: Imker, die Bienenstöcke im Wald aufgestellt haben und für eine Weile nicht in der Lage waren, sich um diese Bienenvölker zu kümmern, finden dort nicht selten Vertreter der kleinen Scherenträger.

Eine Durchsicht des Bodenfalls einer von Bienen bewohnten Baumhöhle, also all dessen, was von oben herabgerieselt ist, fördert dagegen häufig Bücherskorpione zutage. Sie scheinen regelmäßige Mitbewohner in den Kolonien wild lebender Bienenvölker zu sein. Es gibt so gut wie keine künstlich angelegte Baumhöhle eines Zeidlers, eines jener traditionellen Honigsammler (siehe Kapitel »Traditionelle Imkerei«), in der keine Bücherskorpione wohnen. Die Vermutung liegt nahe, dass sie in den Baumhöhlen auf die Jagd gehen und sich dabei auch auf Beute stürzen, deren Vernichtung den Bienen nützt. Man denke nur an die Beobachtungen früherer Imkergenerationen zu den Tracheenmilben. Setzt man einem varroa-befallenen Bienenvolk Pseudoskorpione zu, geht die Population der Schädlinge rasch auf Talfahrt. In künstlich geschaffenen experimentellen Situationen haben einzelne Bücherskorpione bis zu zehn Varroamilben pro Tag erlegt. An der Spitze einer jeden der beiden Scheren sitzt ein Giftstachel, der die Milben tötet oder zumindest lähmt. Danach saugt der Pseudoskorpion nach echter Spinnenmanier seine Beute aus. Der Bücherskorpion, ein echter Freund der Honigbiene.

Vom Imker gefürchtet ist das Auftreten zweier Arten Kleinschmetterlinge, der Kleinen und der Großen Wachsmotte. Deren Raupen ernähren sich von Wachs und den Häutchen, die von den Larven der Honigbienen hinterlassen werden. Die Raupen fressen sich quer durch die Waben hindurch und bauen sich dabei Fraßgänge, die sie mit körpereigener Seide auskleiden. Das Resultat sind komplett zerstörte Wachswaben.

Die Tiere hinterlassen ein unansehnliches Materialchaos, zusammengehalten von den Spinnfäden aus ihren Kopfdrüsen. Eine Katastrophe für den Imker.

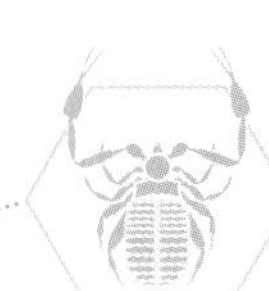

»ES KOMMT AUF DIE UMSTÄNDE AN, OB MAN DAS WIRKEN VON MITBEWOHNERN ALS FLUCH ODER ALS SEGEN BETRACHTET.«

Aber wie steht es damit im Wald? Stirbt ein Bienenvolk, bleiben die alten Waben zurück. Das Haus ist noch »möbliert«, mit altem Inventar, mit dem sich niemand abgeben möchte und das einem Neubezug durch einen Bienenschwarm entscheidend im Wege steht. Zudem sind Waben, die über viele Jahre von den Bienen genutzt wurden, nicht selten mit unterschiedlichen Erregerstadien diverser Bienenkrankheiten belastet. Eine solche Baumhöhle mit zum Teil viele Jahre alten, verlassenen Waben steht für einen Neubezug durch einen Bienenschwarm nicht zur Verfügung und sollte aus hygienischen Gründen auch nicht mehr von Honigbienen genutzt werden. Aber Wohnraum im Wald ist knapp, geeignete Baumhöhlen sind wertvoll.

Hier kommen die Wachsmotten ins Spiel und zu ihrer wahren Bedeutung im Netzwerk des Waldes. Der Geruch des Wachses zieht die Motten magisch an. Die Weibchen legen mehrere Hundert Eier auf den Waben ab. Das gründliche Zerstörungswerk der Raupen lässt die alten Waben komplett verschwinden und schafft Raum für den Neustart eines frischen Bienenvolkes. Die beim Imker gefürchteten Schädlinge sind im Wald das Räumkommando, das für neue Bewohner den Weg frei macht.

Dieser und andere Fälle zeigen: Gerade das Studium des Umfeldes von Bienenvölkern in ihrer natürlichen Umgebung macht deutlich, dass es auf die Verhältnisse ankommt, ob man die Anwesenheit und das Wirken eines Mitbewohners als Fluch (beim Imker) oder als Segen (im Wald) einstufen muss.

Über die Zusammensetzung der Bakterien- und Pilzgemeinschaft, vergesellschaftet mit Honigbienen in hohlen Bäumen, wissen wir so gut wie nichts. Wir ahnen, dass in den Baumhöhlen eine ideale Umgebung herrscht für Wachstum und Entwicklung bienenschädigender Pilze und Bakterien, denen die Bienen mit einem erheblichen Hygieneaufwand begegnen. Dazu gehört der Einsatz der pilz- und bakterienabwehrenden Propolis, die die Bienen auf Basis des harzartigen Sekretes von Pflanzenknospen herstellen. Wir wissen aber nicht einmal im Ansatz etwas darüber, ob und welche dieser Mikroorganismen den Bienen auch als Helfer dienen könnten.

Können wir vom Studium der Miniatur-Ökosysteme, die Bienennester bilden, für die praktische Imkerei lernen und einzelne Aspekte in die Bienenhaltung übernehmen, um Bienen und Imkern das Leben zu erleichtern? Der Bücherskorpion könnte dafür ein erster Ansatz sein.

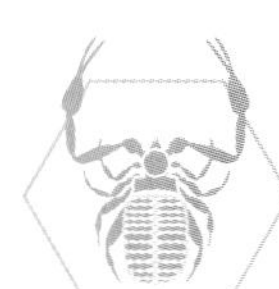

—

LINKS OBEN UND RECHTS OBEN
Die Große Wachsmotte (links) und die Kleine Wachsmotte (rechts) werden wegen des Zerstörungswerkes ihrer Larven auf den Waben vom Imker als Schädling betrachtet und behandelt.

—

LINKS UNTEN UND RECHTS UNTEN
In der Natur sind Große und Kleine Wachsmotte sehr wichtige Partner der Honigbienen. Die Larven der Motten schaffen durch den Abbau der alten, nicht mehr besetzten Nester Raum für neuen Wabenbau.

—

OBEN

Bestimmte Mitbewohner helfen dem Bienenvolk, tote Artgenossen, die es nicht aus der Baumhöhle entfernen kann, in einen Stoffkreislauf zurückzuführen. Speckkäfer und deren Larven gehören als Aasfresser dazu. Sie fressen an Bienenleichen und tragen mit ihrem Kot zur Schaffung eines Bodensatzes bei, der wiederum anderen Organismen Lebensgrundlage bietet.

—

MITTE

Baumhöhlen sind ideale Rückzugsorte für Kleinstlebewesen, die sich dort entweder sporadisch aufhalten, wie diese Spinne, oder sich vor allem im Bodensatz der Höhle dauerhaft einrichten, wie Asseln oder kleine Würmer.

—

UNTEN

Ameisen und Honigbienen bilden im Wald wichtige Glieder des ökologischen Netzwerkes. Blattlauskolonien liefern Honigtau und werden von den Ameisen bewacht und gepflegt. In den Nesthöhlen sind Ameisen regelmäßig anzutreffen. Vielleicht auch da als Bienennützlinge? Wir wissen es nicht.

—
Eine Handvoll Bodensatz aus einer seit drei Jahren von einem Bienenvolk durchgehend bewohnten Baumhöhle. Es ist wie in der Tiefsee: Alles, was vom Bienenvolk herunterrieselt, wird von den Organismen, die im Bodensatz leben, verwertet. Wachsreste, tote Bienen, Pollen und Propolisbröckchen finden hier dankbare Nutzer, die von diesem »Regen« von oben abhängig sind. Das so entstehende Miniatur-Ökosystem schafft eine biologische Balance, von der auch die Bienen profitieren. Es finden keine Fäulnis- und Verwesungsprozesse statt, die sonst Quelle für Krankheiten wären.

VERTEIDIGUNG UM JEDEN PREIS

Das Leben in Baumhöhlen schützt die Honigbienen nicht nur vor Regen, Sturm, Kälte und Hitze. Die Höhle schützt sie auch vor Feinden. Ein Bienennest, nüchtern betrachtet, ist eine hochkonzentrierte Lagerstätte wertvoller Rohstoffe, leicht verdaulicher Kohlenhydrate im Honig und praller Larven und Puppen als Proteinquelle. Und auch die erwachsenen Bienen selbst stellen allein schon durch ihr räumlich extrem dichtes, massenhaftes Vorkommen ein sehr attraktives Ziel für Räuber dar.

Die Beziehungen zwischen Räubern und deren Beute gehören zu den mächtigsten Motoren in der Evolution der Lebewesen. Strategie und Gegenstrategie bringen im Laufe der Zeit durch die natürliche Selektion auf beiden Seiten zum Teil höchst erstaunliche Resultate hervor. In diesem »Wettrüsten« hat der Zwang zum Erfolg aber sehr unterschiedliche direkte Konsequenzen. Ein Räuber verpasst bei einem Fehlversuch lediglich eine Mahlzeit, schon beim nächsten Mal kann es für ihn besser laufen. Für Beutetiere hingegen bedeutet ein Erfolg des Räubers fast immer den Tod – sie haben nur eine Chance!

Ein Bär auf Honigsuche besitzt alle Allesfresser-Alternativen zum leckeren Honigmahl, wenn er es nicht schafft, ein entdecktes Bienennest auszuräumen. Ein Bienenvolk, das Beute eines Bären wird, stirbt. Eine derartige »bärige« Bedrohung, und dies über sehr lange Zeiträume des Zusammenlebens in den Wäldern hinweg, führte dazu, dass die Bienen Bären an wenigen Schlüsselmerkmalen erkennen: Dunkle Farbe, flauschige Körperbedeckung und eine kohlendioxidreiche Atemluft verraten den anrückenden Bären, lange bevor er den Baum zu zerlegen beginnt. Das Bienenvolk ist gewarnt, und Zehntausende Giftstachel sind abwehrbereit. Nicht jeder Bär lässt sich dann zwar von den vielen Bienenstacheln in die Flucht schlagen, aber es hat auch nicht jede Bärenattacke Erfolg. Der Verteidigungsversuch hat durchaus Chancen.

Helle Kleidung und glattes Textil tragen und nicht direkt in die offene Bienenbeute hineinatmen sind vorteilhafte Verhaltensweisen der Imker im Umgang mit ihren Bienen, für deren Wirksamkeit die Beziehung Biene-Bär Pate gestanden hat.

Wenn Bienen wählen können, entscheiden sie sich immer für Behausungen, die einige Meter hoch über dem Erdboden liegen. Auch das sicherlich als Schutz gegen große Räuber wie den Meister Petz.

Eine Wohnung hoch im Baumstamm hilft aber nicht gegen geflügelte Widersacher. Aus dieser fliegenden Truppe stammen die ärgsten Feinde der Bienen aus ihrer näheren Verwandtschaft: Wespen und vor allem Hornissen jagen erwachsene Honigbienen. Diese räuberischen Insekten, wie die Honigbienen sogenannte Hautflügler, sind in erster Linie Fleischfresser. Dabei spielen sich deren Larven

—

VORHERGEHENDE SEITE

Zwei Wächterbienen in Habachtstellung. Ihre Mundwerkzeuge, die Mandibeln, werden bereit zum Zubeißen gespreizt, der Vorderkörper drohend gehoben. Arbeiterinnen halten sich in der Übergangszeit zwischen ihrer Innen- und Außendiensttätigkeit bevorzugt am Eingang zum Nest auf und sind so ganz automatisch die ersten Bienen, auf die Feinde treffen.

—

OBEN

Außerhalb des Nestes sind Honigbienen den Wespen und Hornissen als ihren Feinden hilflos ausgeliefert. Ist eine Biene gefangen, wird sie oft gezielt zwischen Körpersegmente gestochen. Dann werden Flügel, Fühler und Beine abgeknipst und Kopf, Brust und Hinterleib als Einzelteile ins Wespennest geflogen.

—
Ein Totenkopfschwärmer – Goliath unbehelligt zwischen Zwergen. Das verblüfft, denn Totenkopfschwärmer ernähren sich vom Honig aus Bienenwaben. Mit ihrem starken Saugrüssel durchstoßen sie die Deckel der Honigzellen und bedienen sich. Der Eindringling wiegt so viel wie 200 Bienen zusammen. Aber es ist keinesfalls seine Größe, die die Bienen vom Angriff abhält. Eingedrungene Mäuse, noch um einiges massiger als der Totenkopfschwärmer, werden von Bienen totgestochen. Ihn rettet eine chemische Tarnkappe, mit der er sich umgibt und die ihn als übergroßen Nestgenossen »verkauft«.

»WIRD IM SPÄTSOMMER DIE NAHRUNG KNAPP, WERDEN HONIGBIENEN ZU RÄUBERN UND RAUBEN IHRE ARTGENOSSEN AUS.«

—

LINKE SEITE

Wie wir Menschen, so bekriegen sich auch die Bienen untereinander. Werden in einem Volk die Vorräte knapp und das Nektarangebot ist nur noch spärlich, findet Räuberei statt. Bienenvölker überfallen sich. Hier hat ein räuberndes Volk die Nestbesitzer niedergemacht und reißt nun die Honigzellen auf, um Beute abzuschleppen.

—

OBEN LINKS UND RECHTS

Die räuberischen Bienen leisten gründliche Arbeit, ungestört. Sie haben beim Überfall die Verteidiger alle getötet und beladen sich nun mit Honig. Nicht jeder Überfall glückt. Ist das Ziel der Räuber ein zahlenmäßig überlegenes Volk, schlägt es die Angreifer zurück.

> »DIE BEZIEHUNGEN ZWISCHEN RÄUBERN UND DEREN BEUTE GEHÖREN ZU DEN MÄCHTIGSTEN MOTOREN IN DER EVOLUTION.«

und die erwachsenen Hornissen beziehungsweise Wespen in gegenseitiger Abhängigkeit die Nahrung zu. Die »Wespentaille« verhindert bei den erwachsenen Hornissen und Wespen, dass größere Teile eines Beutetieres in den Darm gelangen können, dorthin, wo die Verdauung stattfindet. Die Hornissen und die Wespen haben eine komplizierte, aber geniale Lösung für dieses Problem gefunden. Beuteinsekten wie die Honigbienen werden zerteilt, die Brocken werden ins Nest geflogen und an die Larven verfüttert. Diese verdauen vor, würgen den entstandenen Saft wieder hoch und füttern damit ihre erwachsenen Schwestern.

Außerhalb des Nestes sind die Honigbienen den Hornissen und Wespen hoffnungslos unterlegen. Deren glatte Leiber bieten kaum Angriffsfläche, die hochbeweglichen Körper erlauben es den Hornissen und Wespen sogar, zwischen ihren eigenen Vorderbeinen hindurch nach vorn zu stechen, ihre scharfkantigen Mundwerkzeuge, die Mandibeln, arbeiten wie chirurgische Instrumente.

Dringt eine Hornisse in ein Bienennest ein, werden die Karten neu gemischt. Nun kehren sich die Verhältnisse um. Falls Wächterbienen am Eingang zum Nest Alarm schlagen, kann sich aber auch schon direkt vor dem Nest abspielen, was spätestens im Nestinneren stattfindet. Solche Eindringlinge werden abgekocht – im wahrsten Sinne des Wortes. Der Räuber wird nicht gepackt, nicht gestochen und nicht gebissen. Er wird einfach nur dicht von Bienenkörpern eingehüllt. Eine solche Kugel, mit dem Feind im Inneren, beginnt sich nun aufzuheizen. Das schaffen die Bienen mit der gleichen Methode, die auch die Brutnestheizerbienen zur Temperierung der Puppen und die Nektareindickerbienen zur Honigerzeugung nutzen: Sie erzeugen durch Zittern ihrer starken Flugmuskulatur Wärme. Dabei kann die Temperatur, gemessen an der Körperoberfläche der Bienen, bis zu 44 Grad Celsius betragen. Höher darf sie nicht werden, die Bienen selbst würden das nicht überleben. Für die von heizenden Bienen eingehüllten Hornissen und Wespen ist eine solch hohe Temperatur aber auf jeden Fall zu viel. Sie überleben diese »Umarmung« nicht. Der Feind wird gemeinschaftlich getötet, ohne dass ein einziger Stachel eingesetzt werden muss. Das schmale Temperaturfenster zwischen »tödlich für die Hornissen/Wespen« und »tödlich für die Bienen« ist die Rettung der Bienen. Die Körpereiweiße der Opfer erstarren bei den hohen Temperaturen. Der dem eingehüllten Eindringling fehlende Sauerstoff trägt ein Übriges dazu bei, dass der Fremdling auf keinen Fall lebend davonkommt. Ist die Abwehrarbeit erfolgreich erledigt, löst sich die Bienenkugel auf, und die totgeheizte Hornisse wird aus dem Nest geworfen.

Es gibt aber auch Eindringlinge, sogar erheblich größere als Wespen und Hornissen, die sich, mit einer Tarnkappe versehen, unbehelligt im Bienenvolk bewegen können. Einer der größten mitteleuropäischen Schmetterlinge ist der Totenkopfschwärmer. Seinen martialischen Namen ver-

—

OBEN

Der Giftstachel der Honigbienen ist vor vielen Jahrmillionen aus dem Legestachel ihrer Vorgängerinnen entstanden. Deshalb besitzen Drohnen keinen Stachel. Der Stachel, normalerweise unsichtbar im Inneren des Bienenkörpers verborgen, ist aus mehreren Teilen zusammengesetzt, anders als die Kanüle einer Spritze.

—

RECHTS

Hat eine Biene gestochen, reißt sie sich beim Fliehen den Stachel aus dem Hinterleib. Das überlebt sie nicht. Am Stachel hängt dann noch die Giftblase. Winzige Muskeln lassen die beiden Hälften des Stachels gegeneinander arbeiten, dessen gezackte Kanten ihn wie Widerhaken immer tiefer in das Opfer hineinziehen.

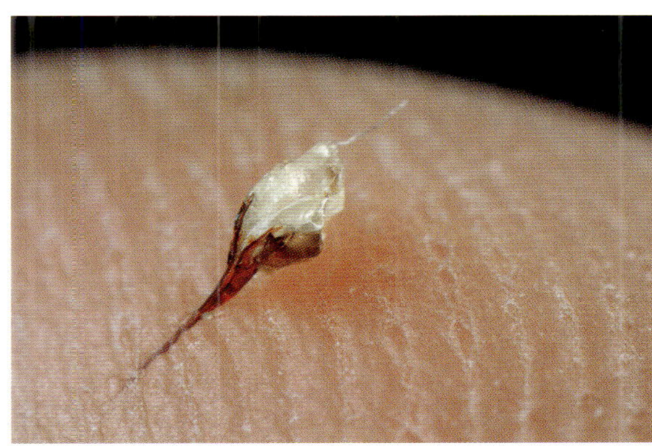

—

LINKE SEITE

Hornissen wissen genau, wo sich mit Bienen leichte Beute machen lässt. So patrouillieren sie ausdauernd Blütenbestände ab, immer in Lauerstellung auf unaufmerksame Bienen wartend. Und selbst aufmerksame Bienen schaffen es kaum, im Flug den Jägern zu entkommen.

—

OBEN

Hat eine Hornisse eine Biene erst mit ihren starken Mandibeln gepackt, ist die Biene verloren. Der hochbewegliche Hinterleib der Hornissen trifft mit seinem Stachel nach allen Richtungen, auch nach vorn. Haben Hornissen ein Bienennest entdeckt, beginnt ein regelrechtes Schlachtfest, dem die Bienen nichts entgegensetzen können.

dankt er einer auffallenden, an einen Totenkopf erinnernden weißen Zeichnung auf dunklem Untergrund am Brustabschritt seines Körpers. Der schwedische Naturforscher Carl von Linné gab dem Schwärmer im 18. Jahrhundert, angeregt durch dieses Merkmal, den wissenschaftlichen Namen *Sphinx atropos*. Die griechische Schicksalsgöttin Atropos durchschneidet nach der Mythologie in der Todesstunde den Lebensfaden.

Die Raupen des Totenkopfschwärmers fressen an Nachtschattengewächsen, aber auch an einer Vielzahl von Sträuchern wie Liguster, Flieder, Oleander und Stechapfel. Für den erwachsenen Schwärmer bieten die Nester der Honigbienen die wichtigste Nahrung. Dort lebt er von Nektar und Honig. Hat man das Glück zu sehen, wie ein solcher Riese sich unbehelligt zwischen den Bienen über die Waben bewegt, ist man höchst verblüfft, dass die Bienen seine Anwesenheit dulden und es geschehen lassen, dass er mit seinem starken Saugrüssel die Deckel der geschlossenen Honigvorratszellen durchstößt und sich an deren Inhalt bedient. Dabei geht er zügig vor. In drei Minuten hat der Totenkopfschwärmer eine volle Honigzelle komplett geleert.

Die Schwärmer sind in der Lage, auch für uns Menschen hörbare, laute Pfeiftöne zu erzeugen. Die Art der Schallerzeugung ist unter den Insekten einmalig. Sie saugen dafür Luft in ihren Vorderdarm und erzeugen so beim »Einatmen« kräftige Laute. Beim Ablassen der Luft aus dem Vorderdarm

»HORNISSEN SIND IM FREIEN ÜBERLEGENE BIENENJÄGER, IM BIENENNEST HABEN SIE DAGEGEN KEINE CHANCE.«

durch den Mund entsteht ein zweiter Ton, aber leiser. Viele Imker haben das Konzert schon einmal gehört. Als man sah, dass diese Eindringlinge von den Bienen in Ruhe gelassen werden, war eine erste Vermutung, dass die Töne dem Eindringling die Bienen vom Leib halten, da schon geringe Berührungen seines Körpers genügen, das Pfeifen auszulösen. Tatsächlich aber besitzt der Totenkopfschwärmer eine chemische Tarnkappe. Seine Körperoberfläche trägt ein Gemisch aus Fettsäuren, dessen Zusammensetzung im Mischungsverhältnis und in der Konzentration nahezu identisch zu dem ist, was den Honigbienen natürlicherweise anhaftet. Eine perfekte chemische Tarnkappe. Im dunklen Bienenstock spielen chemische Signale eine überragende Rolle, und der Totenkopfschwärmer nutzt diese Plattform. Die Bienen erkennen nicht, wer sie da so massiv anrempelt.

Die Wächterbienen am Stockeingang bekommen es zwar schon mit, dass da ein Riese am Eindringen ist. Stechattacken einer kleinen Bienengruppe sind aber keine echte Bedrohung für den Totenkopfschwärmer, der bis zu vier Bienenstiche gleichzeitig unbeschadet übersteht. Und ist er erst einmal drin im Nest und auf den Waben unterwegs, läuft er nicht Gefahr, wie eine Hornisse gekocht zu werden, da er ja für die Bienen im Nest gar nicht existiert.

—

NACHFOLGENDE DOPPELSEITE
Wächterbienen am Eingang zum Nest haben eine Hornisse ausgemacht. Will ein Feind eindringen, wird sofort der Versuch unternommen, ihn gemeinsam abzuwehren. In die Baumhöhle eingedrungene Feinde werden von dem Netz aus attackiert, das die Bienen mit ihren Körpern um die Waben spannen, indem sie ihre Beine ineinander verhaken.

—
Eine Hornisse, außerhalb des Nestes ein unbesiegbarer Todfeind der Honigbienen, fällt am Eingang des Bienennestes dem gemeinsamen Abwehrkampf vieler Honigbienen zum Opfer.

—
Die Bienen erkennen die eindringende Hornisse sofort als Feind, aber sie attackieren sie nicht etwa mit Bissen oder Stichen. Die Bienen haben eine weitere Abwehrmöglichkeit parat …

—

Dringt eine Hornisse in eine Bienenhöhle ein, so wird sie rasch von Bienenkörpern eingehüllt, die sich in mehreren Lagen eng an den Feind drängen. Für diese »Umarmungen« werden laufende Tätigkeiten unterbrochen.

—

Anschließend erhöhen die Bienen ihre eigene Körpertemperatur bis knapp unter die für sie selbst bedrohliche Grenze, aber über die Temperatur, die Hornissen und Wespen überleben können.

—
Die verzweifelten Versuche der Hornisse, dem engen Körperkontakt durch Beißen und Stechen zu entkommen, helfen ihr nicht. Sie stirbt, begraben unter unzähligen Bienen, innerhalb weniger Minuten an Überhitzung und Sauerstoffmangel.

—

Ist die Hornisse tot, löst sich die Heizerkugel auf, und sie wird aus dem Bienenstock geschleppt beziehungsweise auf den Höhlenboden fallen gelassen, wo sich Mitbewohner der Honigbiene um den Abbau des Leichnams kümmern können.

LEBENSRAUM WALD

Der Wald als Lebensraum der Honigbienen unterliegt in seinem Erscheinungsbild vor allem dem Klima und dem Menschen. Die Wälder waren vor dem menschlichen Einwirken über sehr lange Zeiträume durch den Wechsel von Eiszeiten und Warmzeiten geformt. Das Klima bestimmte, welche Baumarten vorrangig vorkamen und wie sie geografisch verbreitet waren. Mit dem Sesshaftwerden begann der Mensch seine Gestaltung und Umgestaltung der Wälder. Eine Nutzung zunächst nur als Waldweide und später dann als Wirtschaftswald zur Holzgewinnung haben zu unseren heutigen Wäldern geführt. Und die Honigbiene war immer dabei.

Der Vorfahr unserer europäischen Honigbienenrassen, die alle zur Art *Apis mellifera* (Westliche Honigbiene) gehören, wanderte vor mindestens 25 Millionen Jahren aus Afrika in Europa ein und verbreitete sich rasch. An ein stabiles Niederlassen der Bienenpopulation war aber nicht zu denken, die Eiszeiten drängten die Bienen immer wieder nach Südeuropa, von wo aus sie dann dem rückweichenden Eispanzer wieder nach Norden folgten.

Gegen Kälte hilft Wärme. Fliegende Insekten wie die Honigbienen besitzen mit ihrer Flugmuskulatur, mit der ihr flügel- und beintragender Körperabschnitt, der Brustteil, randvoll gepackt ist, eine perfekte wärmeerzeugende »Maschine«. Diese Wärmequelle wird bei allen Honigbienenarten, also auch bei solchen, die in subtropischen und tropischen Regionen leben, eingesetzt, um das Puppenstadium im Brutnest zu wärmen. Darin besteht einer der genialen Kniffe der Natur: Ist eine »Erfindung« erst einmal gemacht, wird sie oft in weiteren, ganz anderen Zusammenhängen eingesetzt.

So auch die Erzeugung von Wärme als »Heizung« vor allem in der kalten Jahreszeit. Diese gemeinschaftlich betriebene Wärmeerzeugung ist die Voraussetzung dafür, dass die Bienenvölker alle Jahreszeiten überstehen können – anders als Wespen oder Hummeln, bei denen das gesamte Fußvolk vor dem Winter stirbt und lediglich begattete Jungköniginnen kältestarr, aber frostfrei verborgen auf das Frühjahr warten.

Würden die Honigbienen in unseren Breiten ihre Waben im Freien bauen, würden ihre Energievorräte in Form des Honigs nicht ausreichen, um über etliche Wochen gegen Temperaturen unter dem Gefrierpunkt anzuheizen. Die Bienen würden den Winter nicht überleben.

Hier kommt der Wald ins Spiel. Hohle Bäume bieten die perfekte Wohnwelt für Honigbienen. Sie schützen sie nach außen gegen Bären, für die Honig ein unwiderstehliches Ziel darstellt. Lässt man Bienen zwischen unterschiedlich hoch angebrachten, künstlichen Nistkästen wählen, entscheiden sie sich bevorzugt für eine Behausung, die etwa sechs Meter über dem Erdboden liegt. Diese Höhe bedeutet für Bären auf Honigsuche eine massive

»IN BAUMHÖHLEN EXISTIERT EIN MIKRO-ÖKOSYSTEM, DAS DIE HONIGBIENEN MIT EINER UNZAHL WEITERER LEBEWESEN VERGESELLSCHAFTET.«

Herausforderung und damit für die Bienenkolonie relative Sicherheit. Höhlungen in Bäumen eröffnen zudem nach innen eine eigene Welt. In ihnen bildet sich ein Klima, das dann von den Bienen noch überformt und stabilisiert werden kann, und ein Ökosystem, das die Bienen mit einer Unzahl weiterer Lebewesen vergesellschaftet.

Ein gesunder Wald bietet von Frühjahr bis Herbst kontinuierlich ein Angebot an den Pflanzenprodukten, die eine Bienenkolonie für das Überleben und die Vermehrung benötigt. Anders im offenen Land, wo durch eine immer intensiver betriebene moderne Landwirtschaft das Trachtangebot, also all das, was die Bienen an Nahrung in den Stock eintragen können, immer einseitiger wird, wenn es überhaupt vorhanden ist. Dass Bienenvölker im Sommer verhungern können, ist eine der unschönen Folgen dieser Entwicklung.

Was finden die Bienen im Wald? Der wohl bekannteste Begriff zur Beziehung von Bienen und Wald, der in seiner Zusammensetzung diese Verbindung auf die kürzestmögliche Weise ausdrückt, ist »Waldhonig«. Man mag überrascht sein zu hören, dass Waldhonig nicht von Blüten stammt. Seine Basis sind vielmehr Ausscheidungen von Blatt- und Schildläusen – allerdings weit weniger unappetitlich, als es sich zunächst anhört. Eine nähere Betrachtung des Ursprungs von Waldhonig öffnet den Blick für eine höchst spannende Dreiecksbeziehung zwischen Ameisen, Blattläusen und Honigbienen.

Die Bäume entnehmen dem Boden Wasser und Salze, die über feinste Röhrchen bis zu den höchsten Blättern transportiert werden. Dort entsteht aus den hochgeschafften Bestandteilen sowie Kohlendioxid, das aus der Atmosphäre aufgenommen wird, im Prozess der Fotosynthese Glukose. Die so gebildete wässrige Traubenzuckerlösung wandert dicht unterhalb der Baumrinde in sogenannten Siebröhren zu Bereichen der Pflanze, in denen der Zucker als Rohmaterial zum Umbau in Zellulose, Stärke und vieles mehr benötigt wird. Auf diese höchst wertvollen Miniaturströme haben es kleine Nutznießer abgesehen. Die Siebröhren werden angezapft von Blattläusen, die es schaffen, ihre zu Saugrüsseln ausgebildeten Mundwerkzeuge gezielt in diese feinen Röhrchen zu versenken. Dabei sind sie aber weniger hinter dem Zucker her als vielmehr hinter Aminosäuren, stickstoffhaltigen Verbindungen, die sie für ihren Eiweißstoffwechsel benötigen. Aber wohin mit all dem Zucker? Der Körperbau der Blattläuse ist darauf eingerichtet, das aufgesaugte, aber nicht benötigte Material als klare Zuckerlösung über spezielle Ausführgänge am Hinterleib abzuscheiden.

Dieser sogenannte Honigtau steht bei den staatenbildenden Insekten des Waldes extrem hoch im Kurs. Am intensivsten ist die Beziehung der Blattläuse zu Ameisen. Letztere betasten mit ihren Fühlern den Hinterleib der Blattläuse – in der Fachsprache heißt das betrillern –, die daraufhin den Honigtau abscheiden und so regelrecht gemolken werden.

Diese Quelle ist für Ameisenkolonien derart wichtig, dass sie sich um die Blattlausansammlungen kümmern: Sie vertreiben Fressfeinde wie andere Insektenarten, Spinnen oder sogar Vögel.

Von dieser Symbiose profitieren wiederum die Honigbienen. Der Honigtau kann auf Nadeln und Blättern dicke, klebrige Überzüge bilden, die von den Bienen abgesammelt und im Honigmagen ins Nest transportiert werden. Eine Vielzahl an Blattlausarten finden sich als jeweilige Spezialisten auf Nadel- und Laubbäumen. Die Verfügbarkeit von Honigtau ist dabei räumlich-zeitlich nicht so zuverlässig wie das Auftreten von Nektar, der von der Blütezeit abhängt.

Farne gab es in den Wäldern bereits lange vor dem Auftreten der ersten Blütenpflanzen. Nicht selten lässt sich beobachten, dass Honigbienen sich offenbar schwer beladen in langsamem Flug aus einem Farnbestand erheben.

—

SEITE 86

Blühende Hasenglöckchen bedecken den Boden eines Buchenwaldes – ein Schlaraffenland für Honigbienen

—

OBEN

Die Edelkastanie stellt eine hervorragende Bienenweide dar. Ihre Blüten werden zwar vor allem windbestäubt, aber die Bienen unterstützen dabei. Edelkastanienhonig schmeckt köstlich.

—

VORHERGEHENDE DOPPELSEITE

Das Bild zeigt eine Schildlaus zwischen Tannennadeln und darüber eine Biene, die mit ihrer Zunge den begehrten Honigtau aufsammelt, den die Schildläuse absondern. Hat eine Sammelbiene eine Lauskolonie entdeckt, alarmiert sie ihre Nestgenossinnen und bringt sie zu den Zielbäumen.

—

UNTEN

Ein ungeübtes Auge wird zwischen diesen Tannennadeln kaum honigtauspendende Schildläuse erkennen. Suchenden Honigbienen bleiben sie nicht verborgen, tragen sie doch im Wald einen wichtigen Teil zur Honigerzeugung bei.

»NATURNAHE, GESUNDE WÄLDER WEISEN EINE HOHE VIELFALT AN PFLANZEN- UND TIERARTEN AUF. BLÜTENPFLANZEN UND DEREN BESTÄUBER-INSEKTEN GEHÖREN DAZU.«

Dort haben sie Nektar in seiner ursprünglichsten Erscheinungsform gesammelt. Bestimmte drüsige Gewebebereiche, die über die ganze Pflanze verstreut auftreten können, scheiden Nektar ab. Dies bei Farnen eindeutig nicht zur Anlockung von Bestäuberinsekten, denn Farne haben keine Blüten die bestäubt werden müssten. Bei höherentwickelten Blütenpflanzen, die auf Bestäuberinsekten angewiesen sind, sind nektarbildende Zellen konzentriert in ihre Blüten eingebaut. Dort kommen die Honigbienen beim Blütenbesuch auf ihre Kosten.

Was hat der Wald von den Bienen? Naturnahe gesunde Wälder weisen eine hohe Artenvielfalt in Tier- und Pflanzenwelt auf. Blütenpflanzen, die von Bestäuberinsekten abhängig sind, nehmen dabei einen erheblichen Anteil ein. Verschwinden wichtige Insektenarten, können Honigbienen deren Aufgabe mit übernehmen. Dabei hilft es ihnen, dass sie gegenüber solitären Wildbienen einen bis zu zehn- bis zwanzigfach größeren Flugradius haben, der viele Kilometer weit reicht. Außerdem sind sie nicht auf bestimmte Blüten spezialisiert, sondern können nahezu alle bedienen.

Bestäubte Blüten bilden Früchte und Samen, die wiederum Nahrung sind vor allem für viele Vogelarten. Aber auch die Bienen selbst können eine relevante Nahrungsquelle bieten. Im Laufe eines Jahres bringt eine Bienenkolonie etwa zwanzig Kilogramm Biomasse in Gestalt all ihrer Mitglieder hervor, von denen die allermeisten im Umfeld des Bienennestes sterben und dann Ameisen, Wespen, Vögeln und anderen Tieren als Nahrung dienen.

Auch Hygienemaßnahmen gehen von Aktivitäten der Honigbienen aus: Das Absammeln des Honigtaus verhindert die Entwicklung von Ruß- und Schimmelpilzen auf den Blättern und Nadeln der Bäume, denen die Honigtauschicht andernfalls einen willkommenen Nährboden bietet.

Und selbst komplett verschwundene Bienenvölker können dem Wald noch Gutes tun: Die verlassenen, leeren Waben werden von Wachsmotten besiedelt, von deren Raupen wiederum der Ameisenbuntkäfer, ein Gegenspieler des zu Recht gefürchteten Borkenkäfers, leben kann.

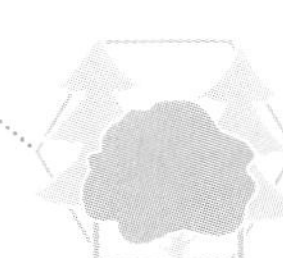

—

LINKE SEITE UND OBEN

Lindenbäume erblühen im Sommer in voller Pracht. Keine der unzähligen Blüten bleibt unbesucht – denn sie spenden so viel Nektar, dass die Bienen hier ihre Nahrungsreserven innerhalb kurzer Zeit erheblich aufstocken können.

—

IM UHRZEIGERSINN

Lerchensporn auf einer Waldlichtung,
Honigbiene auf Greiskraut,
Blüte einer Walderdbeere

—
IM UHRZEIGERSINN
Vergissmeinnicht,
Brombeerblüte,
Honigbiene an Weidenkätzchen,
Buschwindröschen,
Fingerhut

—

VORHERGEHENDE DOPPELSEITE

Unter den Blütenpflanzen im Wald ist die Brombeere eine der wichtigsten Nahrungsquellen für die Honigbiene

—

RECHTS

Waldbrände gehören zu den größten Gefahren für wild lebende Honigbienenvölker. Die Rauchentwicklung ist für die Bienen das Signal, sich mit Honig vollzupumpen, sich daraufhin tief zwischen die Wabengassen zurückzuziehen und abzuwarten. Diese Reaktion nutzt der Imker, wenn er mit seinem Smoker (siehe Seite 181) einen geöffneten Bienenstock eindampft. Bei einem Waldbrand zu fliehen, ist für die Bienen sinnlos, da die Königin nach dem Hochzeitsflug gewaltig an Gewicht zulegt und bis zum Schwarmauszug dann nicht mehr flugfähig ist. Bleibt das Volk standhaft im Nest und umgibt in dichten Klumpen die Königin, sind die Chancen nicht schlecht, dass diese Königin und viele Arbeiterinnen die Hitzeeinwirkung von außen überstehen. Zum Sinn der exzessiven Aufnahme von Honig lässt sich nur spekulieren: Es könnte der physikalische Effekt genutzt werden, dass ein prall mit Honig gefüllter Bienenkörper eine höhere sogenannte Wärmekapazität bekommt, also eine größere Wärmemenge bei geringerer Körpertemperaturerhöhung aufnehmen und so die tödliche Auswirkung von Hitze hinauszögern oder verhindern kann.

»PROPOLIS, VON DEN BIENEN AN KNOSPEN GESAMMELT, WIRKT ANTIBAKTERIELL, ANTIMYKOTISCH UND DIENT ALS BRANDSCHUTZ.«

—

GANZ OBEN LINKS
Eine Propolissammlerin vor dem Abheben zum Heimflug

—

OBEN RECHTS
Die Blattknospen von Kastanien liefern, wie auch die Knospen vieler anderer Pflanzen, den Bienen die wertvolle antibakterielle und antimykotische Propolis

—

OBEN LINKS
Sind die Innenwände der neu bezogenen Baumhöhle ausreichend glatt gehobelt, werden sie von den Bienen mit Propolis ausgekleidet

—

RECHTE SEITE
Bewegt sich ein Waldbrand rasch voran, überleben ihn die Bienen

—

LINKE SEITE

Die Baumhöhle bietet auch im Winter ideale Bedingungen für das Bienenvolk. Die dicken Wände und die kleine Einflugöffnung halten die Kälte draußen, die Bienen müssen nur wenig Honig verbrennen, um selbst nicht unter 10 Grad Celsius abzukühlen. So bleiben sie mobil.

—

OBEN

Warmphasen mitten im Winter sind für Honigbienen fatal. Sie lösen die sogenannte Wintertraube auf, und erste Sammelbienen verlassen das Nest. Bleiben sie zu lange draußen, werden sie steif und flugunfähig. Auf der Schneefläche sterben sie dann.

ORIENTIERUNG MIT ALLEN SINNEN

Der Wald ist ein Naturraum, in dem wir Menschen uns sehr leicht verlaufen können. Ohne Wege, ohne Markierungen und ohne freien Blick auf den Stand der Sonne (und heute ohne Karte und ohne GPS) ist das gezielte Aufsuchen von Orten oder das Finden der gewünschten Richtung extrem schwierig bis unmöglich. Hänsel und Gretel waren im gleichnamigen Märchen dieser Problematik ausgesetzt und legten sich eine Spur; im zweiten Anlauf, nachdem es zunächst mit weißen Kieselsteinen bestens funktioniert hatte, dummerweise aus Brotkrumen, die ihnen dann von Vögeln weggefressen wurden. Sie verirrten sich im Wald …

Für Käfer, Schmetterlinge und andere Insekten, die keine feste Adresse aufsuchen müssen, ist es unerheblich, dass der Wald eine Orientierung auf den ersten Blick nicht einfach macht. Andererseits legen Ameisen, die von ihren Ausflügen zum Nest zurückfinden müssen, am Boden Duftspuren, um nicht verloren zu gehen.

Aber wie kommen Honigbienen im Wald klar? So ganz genau wissen wir es nicht. Wir wissen nur, dass es bestens funktioniert. Die Orientierung von Honigbienen wurde bisher unter Umständen erforscht, unter denen der Forscher den einfachen Überblick behalten konnte: in offenem Gelände, auf Wiesen, in Einzelfällen sogar auf stillgelegten Flugplätzen. Wenn der Wald einbezogen wurde, dann erfolgten die Beobachtungen an Waldrändern oder entlang geradliniger Waldwege, nie im Wald selbst.

Zu den vorherrschenden Vorstellungen, wie Honigbienen zurück nach Hause finden, gehört, dass sie sich am Stand der Sonne und am für uns Menschen unsichtbaren Polarisationsmuster des Himmelslichtes orientieren sowie dass sie sich Landmarken in der Umgebung des Bienenstockes merken. Wenn sie fernere Ziele aufsuchen, geht man davon aus, dass im Kopf der Bienen eine regelrechte Landkarte entsteht. Werden solche Orte über die Tanzsprache an Artgenossen vermittelt, kommt in dieser Vorstellung hinzu, dass die Nachfolgebienen aus dem Tanz die Koordinaten des Zieles sehr genau herauslesen können und den Ort so finden. In der Nähe (eine ungeklärte Frage in allen bisherigen Studien: Ab welcher Distanz spricht man von »Nähe«?) des Zieles stehen dann die Düfte der Blüten und am Bienenstock der Stockduft inklusive Lockpheromonen der Bienen zur Verfügung.

Aber können diese Orientierungshilfen im Wald funktionieren? Darüber wissen wir bisher so gut wie nichts. Dabei wäre eine Forschung gerade dazu extrem interessant und wichtig, da der Wald die angestammte Heimat der Honigbienen ist und die Umstände bietet, unter denen sich Orientierungsvermögen und Kommunikation dieser Tiere entwickelt haben.

Versuchen wir eine Annäherung. Ein Blick in den Wald zeigt uns in der Regel wenig klar hervorgehobene Landmarken (»Man sieht den Wald vor lauter Bäumen nicht«). Auch der

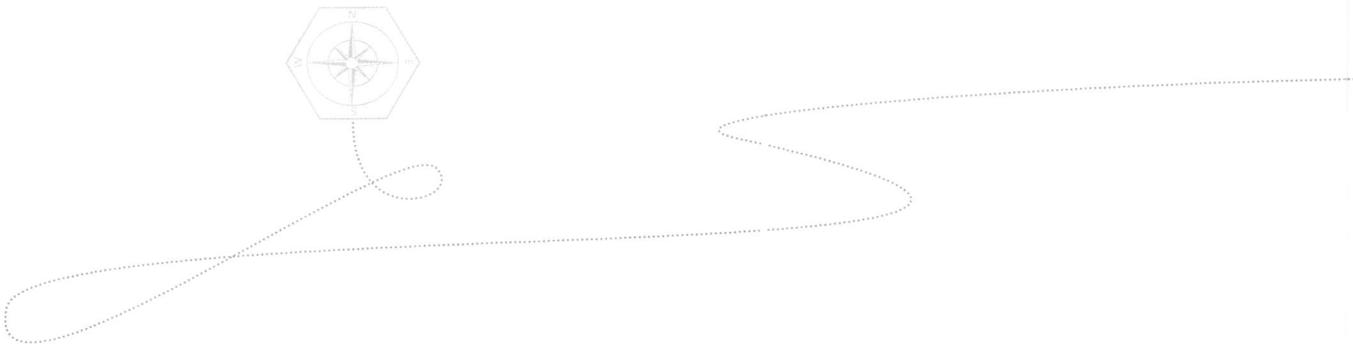

Blick nach oben in das Blätterdach hilft uns Menschen nicht wirklich, einen Weg zu finden. Ähnliche Perspektiven bieten sich auch dem Sehsinn der fliegenden Honigbienen, wenn sie sich zwischen den Bäumen bewegen. Hinzu kommt bei den Bienen noch der Blick von oben auf das Wipfelmeer, der aber nicht weniger verwirrend scheint.

Allerdings gibt es einen entscheidenden Unterschied zwischen der Wahrnehmung der Menschen und derjenigen der Bienen: Letztere sind in der Lage, polarisiertes Licht zu sehen, also Licht, das nur in einer Ebene schwingt. Das Sonnenlicht schwingt in alle Richtungen senkrecht zur Ausbreitungsrichtung, es wird aber von der Atmosphäre gebrochen und reflektiert und weist insofern am Himmel bevorzugte Schwingungsrichtungen auf. Weil Bienen diese wahrnehmen können, können sie auch bei bewölktem Himmel den Sonnenstand ausmachen und sich so orientieren. Die Polarisation des Lichtes ergibt am Himmel ein Muster, das sich ganz allmählich von Ort zu Ort über den Himmel hinweg verändert, wobei benachbarte Regionen kaum zu unterscheiden sind. Dies könnte für die Biene im Wald einfacher sein: Da sich das Firmament beim Blick von unten in das Blätterdach in kleine Felder auflöst, könnten die Schwingungsrichtungen für die Bienen klarer sichtbar sein. Hierzu gibt es bisher allerdings keinerlei Studien.

Wie steht es mit der Unterstützung in Orientierung und Zielfindung durch Düfte im Wald? Auch hierzu fehlen Untersuchungen und Daten. Erste Anhaltspunkte geben Verhaltensbeobachtungen an den Honigbienen und Plausibilitätsüberlegungen. Düfte sind als Orientierungshilfen sehr geeignet, wenn eine Luftbewegung sie vom Ziel zur Biene trägt. Die Biene muss nur noch dem Wind entgegenfliegen. Weht der Wind allerdings von der Biene weg, hilft ein duftendes Ziel nicht.

Aber auch in diesem Punkt hat der Wald seine besonderen Gesetze. Im Wald sind Luftbewegungen, sprich Wind, extrem abgepuffert, der Wald bietet einen windstillen Raum. Wie es sich mit Duftfahnen im windstillen Wald verhält, lässt sich erleben und »erriechen«: Wenn, selbst lange Zeit zuvor, ein zigarrerauchender Spaziergänger den Weg genommen hat, auf dem man sich selbst befindet. Duftwolken hängen in der Vegetation lange fest. Duftfallen, mit denen im Wald die Männchen der Borkenkäfer angelockt werden, um sie zu bekämpfen, funktionieren auch über große Distanzen.

Haben Bienenarbeiterinnen neue ergiebige Futterquellen entdeckt, die gerade im Wald räumlich stark begrenzt auftreten können, wie einzelne blühende Bäume, Brombeerhecken oder honigtauspendende Blattlauskolonien, rekrutieren sie Helferinnen zu diesem Ziel. Eine Kommunikationsform, die dabei von den Bienen eingesetzt wird, ist die sogenannte Tanzsprache. Diese ist trotz all ihrer Ungenauigkeiten und Unzulänglichkeiten der wichtige Einstieg in eine Kommunikationskette zwischen den erfahrenen Bienen, die das Ziel

SEITE 107
Eine Sammelbiene hat eine neue Nahrungsquelle entdeckt. Mit einem Schwänzeltanz macht sie auf sich aufmerksam und vermittelt eine grobe Ortsinformation. Interessierte Nachfolgebienen brechen dann in die angegebene Richtung auf, wo Anschlussreize, wie Lockduft und auffallende Flugmuster, und eine Fortsetzung der Kommunikation sie zum Ziel bringen.

bereits kennen, und den Neulingen, die dort ankommen sollen. Schon 1923 hat der Altmeister der Bienenverhaltensforschung, Karl von Frisch, beschrieben, dass die gleichen Sammelbienen, die er in den Beobachtungsstöcken beim Tanzen studieren konnte, am Ziel auffallende Brauseflüge aufführen und dabei eine Drüse am Hinterleib erkennbar geöffnet halten. Aus dieser sogenannten Nasanov-Drüse verströmt Geraniol, für die Bienen ein unwiderstehlicher Lockstoff.

Wäre es nicht denkbar, dass die erfahrenen Bienen nicht nur in der Nähe des Zieles, wo sie gut beobachtet werden können, sondern schon weit vor dem Ziel, bei dessen Anflug, Geraniol in die Luft entlassen und so duftende Leitlinien legen? Eine weitere Lücke in unserem Wissen.

Beobachtet man das Verhalten beim Eintreffen erfahrener und unerfahrener Bienen an Blüten oder an einer künstlichen Futterstelle im Wald, entdeckt man Bienenpaare im Tandemflug, wobei die nachfolgende nicht selten auf der führenden Biene und nicht auf der Blüte landet. Trainiert man Sammelbienen auf eine künstliche Futterstelle im Wald, so trifft man nach einiger Zeit auch Rekruten an diesem Ziel. Erlauben es die Lichtverhältnisse, die im Tiefflug zwischen den Bäumen heranfliegenden Bienen schon auf die Entfernung von einigen Metern zu sehen, so fällt auf, dass die Flugbahnen nicht gleichverteilt mal rechts und mal links um bestimmte Baumstämme herum angelegt sind, sondern dass die meisten Bienen sich auf den gleichen Wegen der Futterstelle nähern. Neulinge tendenziell in geringem zeitlichen Abstand zu erfahrenen Bienen. Das ist extrem spannend und eine Herausforderung für die Wissenschaft: Folgen die Neulinge Duftspuren der erfahrenen Bienen, die in der windstillen Vegetation gut festhängen?

Jedem Imker und Waldwanderer ist die Erscheinung eines summenden-brausenden Waldes bekannt. Wird der Honigtau einer Blattlauskolonie hoch oben in den Wipfeln von Bäumen von Honigbienen abgeerntet, hört man die Flugtöne der Bienen schon weithin als ein lautes Brausen. Aus Verhaltensexperimenten ist bekannt, dass erfahrene Sammelbienen zum Anlocken von Neulingen die sogenannten Brauseflüge dann ganz besonders intensiv einsetzen, wenn das Ziel nur schwach oder überhaupt nicht duftet. Blattläuse sind nicht für einen auffallenden Eigengeruch bekannt. Helfen die erfahrenen Bienen mit Geraniolwolken nach? Kommende Studien müssen zeigen, ob der »brausende Wald« hierin seine Ursache hat.

Aus einem anderen Zusammenhang im Leben der Bienen ist das Zusammenspiel von Tanzinformation und Zielmarkierung bereits bekannt: vom Schwärmen.

—

Ein Blick nach oben in das Blätterdach eines Waldes zeigt ein komplett anderes Bild als der Blick vom freien Feld in den Himmel (siehe Seite 112). Der Himmel erscheint hier als Fleckenmuster. Es ist vorstellbar, dass es dieser zerstückelte Himmel den Bienen einfacher machen könnte, die Sonnenrichtung zu bestimmen, als der Blick auf einen Himmel, an dem benachbarte Punkte eine nahezu gleiche optische Erscheinung zeigen. Ist die Sonne durch Wolken oder im Wald durch Baumkronen verdeckt, hilft den Bienen ihre Fähigkeit, polarisiertes Licht zu sehen. Die Polarisation des Lichtes entsteht durch Streuung des Sonnenlichtes in der Atmosphäre, was am gesamten Himmel ein Muster erzeugt, das ringförmig um die Sonne verläuft. Von jedem beliebigen Punkt aus lässt sich daraus der Stand der Sonne bestimmen, die senkrecht zur Schwingungsrichtung der ausgerichteten polarisierten Lichtwellen liegt. Je kurzwelliger das Lichtspektrum, desto stabiler ist das Polarisationsmuster gegenüber Störungen durch Wassertröpfchen und andere kleine Partikel, die sich in der Luft befinden. Das macht es verständlich, wieso die Bienen für die Orientierung nach den Zeichen am Himmel die kürzesten Lichtwellenlängen nutzen, die sie gerade noch sehen können – das für uns unsichtbare ultraviolette Licht.

—

Honigbienen können ihre Flüge mittels Sehsinn nach der Sonne als Orientierungspunkt am Himmel ausrichten, sie nutzen die Sonne als Kompass. Eine innere Uhr, die das Weiterwandern der Sonne berücksichtigt, hilft den Bienen, sich auch dann zurechtzufinden, wenn zwischen mehreren Flügen zum gleichen Ziel längere Zeitspannen verstrichen sind.

—
Blühende Linden bestimmen diesen Wald, in dem sich Bienen zurechtfinden müssen. Egal, ob der Flug über den Wipfeln oder unten zwischen den Bäumen entlangführt, man sieht sofort – hier ein Ziel zu finden, ist keine einfache Aufgabe. Für deren Lösung hat die Evolution die Honigbienen mit allen notwendigen Eigenschaften ausgestattet.

—
LINKE SEITE
Zwei Sammelbienen auf dem Weg zu einer Futterquelle. Deutlich sichtbar die weit geöffnete Nasanov-Drüse, aus der sie auch im Flug den Lockstoff Geraniol verströmen. Auf diese Weise markieren sie den Weg zum Futterplatz – eine wichtige Ergänzung zum Schwänzeltanz.

—
OBEN
Erfahrene Sammelbienen fliegen zwischen einer ergiebigen Nahrungsquelle und ihrem Nest hin und her. Um Helferinnen zu rekrutieren, führen sie auf den Waben Tänze auf (siehe Seite 107), mit denen sie interessierte Bienen dazu animieren, in das von ihnen gefundene Gebiet einzufliegen. Auch auf andere Weise wird den Neulingen geholfen, das Ziel zu finden: Unerfahrene Bienen hängen sich an eine erfahrene Artgenossin und lassen sich in einer Art Tandemflug zum Futterplatz führen.

—

OBEN

Auch den Eingang zum Nest markieren Bienen mit dem Lockstoff Geraniol, den sie im Stand mit brummenden Flügeln nach hinten hin abschicken. Dadurch finden die Stockgenossinnen sicher zurück zum Nest.

—

VORHERGEHENDE DOPPELSEITE

Eine Sammelbiene schwelgt auf einer mit Pollen beladenen Blüte

—
Die Nasanov-Drüse, zwischen vorletztem und letztem Körpersegment am Hinterleib der Sammelbienen ausgebildet, ist bei maximalem Öffnungszustand für den Beobachter mit bloßem Auge zu erkennen.

—

OBEN

Eine lange fotografische Belichtungszeit deckt auf, dass eine Schwarmtraube aus hochaktiven Bienen besteht, die nur darauf warten, zu erfahren, dass zu einer neuen Behausung aufgebrochen werden kann.

—

RECHTE SEITE

Ein stattlicher Bienenschwarm hat sich nicht weit vom alten Nest entfernt niedergelassen. Von diesem Zwischenbiwak aus suchen Pfadfinderbienen nach der besten verfügbaren neuen Unterkunft.

—

Der Bienenforscher Patrick Kohl filmt im Nationalpark Hainich in Thüringen die Tänze von erfolgreichen Pfadfinderbienen auf der Oberfläche der Schwarmtraube. Ziel dieser Untersuchung an einem künstlich auf einer Unterlage angesiedelten Schwarm ist es, herauszufinden, wie viele geeignete neue Nistplätze die Pfadfinderbienen bis in einige Kilometer Entfernung entdeckt haben. Ihre Werbetänze geben dem Forscher zusätzliche Anhaltspunkte, wo in etwa diese Nisthöhlen liegen könnten. Der Schwarm findet aber nicht durch die Tänze zum neuen Nistplatz, die meisten Bienen bekommen davon gar nichts mit. Die Bienen, die wissen, wo es hingehen soll, führen den Schwarm. Außerdem haben sie das Ziel mit Duftstoffen markiert. Da die Königin vom Versuchsleiter in einem kleinen Käfig mitten im Schwarm untergebracht wurde, kehren diese Versuchsbienen nach dem Aufbruch zuverlässig zurück. Ohne eine Königin können sie keinen neuen Bienenstaat gründen.

»RAFFINIERT ANGELEGTE EXPERIMENTE HELFEN UNS ZU VERSTEHEN, WIE BIENEN DENKEN.«

—

LINKE SEITE

Der Sehsinn der Bienen ist außerhalb des dunklen Bienennestes ebenso wichtig wie ihr Geruchssinn. Die Grenzen der visuellen Leistungsfähigkeit für die Orientierung lassen sich gut in Situationen erforschen, die vom Wissenschaftler sehr viel einfacher und übersichtlicher angelegt sind, als es bei der Vegetation in einem Wald der Fall ist – nachgestellt ist hier der Zugang zu einer Futterstelle.

—

OBEN

Die hochkomplexen Verhaltensvorgänge in einem Bienenvolk können mit modernen Methoden immer besser durchleuchtet werden. Wertvolle Werkzeuge sind dabei auch RFID-Chips (Radio Frequency Identification), als Miniatur-Rucksäcke auf den Rücken der Bienen befestigt.

»BEIM BEELINING LÄSST SICH DURCH DIE ABFLUGRICHTUNG GEFANGENER SAMMELBIENEN FESTSTELLEN, WO DAS NEST DIESER BIENEN LIEGT.«

—

LINKS UND RECHTS OBEN

Beelining – so nennt sich eine Methode, um die Nester wild lebender Bienenvölker zu finden. Zunächst fängt man einige Bienen ein (links). Man setzt sie in einen speziellen Kasten und füttert sie mit Zuckerlösung (rechts oben). Anschließend lässt man sie wieder frei. Wenn die Bienen den Kasten als Futterquelle akzeptieren, werden sie mit weiteren Sammelbienen zurückkommen. Je mehr Bienen zwischen ihrem Nest und dem Ausgangspunkt hin- und herfliegen, desto einfacher ist das Beelining.

—

RECHTS UNTEN

Patrick Kohl und Benjamin Rutschmann beim Kennzeichnen der Bienen, deren Abflugrichtung man im Beelining durch Hinterherschauen bestimmen muss.

—

RECHTE SEITE

Der Forscher Benjamin Rutschmann kontrolliert eine bienenbesetzte Baumhöhle

EINZUG IN EINE SPECHTHÖHLE

Hat die alte Königin mit der Hälfte der Kolonie das Nest verlassen, wird ein Zwischenbiwak (siehe Seite 121) eingelegt, von dem aus Nistplatzsucherinnen aufbrechen, um nach einem geeigneten neuen Wohnraum zu suchen. Diese Arbeiterinnen haben recht genaue Vorstellungen davon, wie eine Wohnhöhle beschaffen sein muss. Die Wohnung darf nicht zu groß sein, denn dann wäre sie nur schwer zu klimatisieren. Sie darf nicht zu klein sein, denn dann gäbe es wenig Zuwachsmöglichkeit. Sie sollte in ausreichender Höhe, im Idealfall mehrere Meter über dem Erdboden, liegen. Sie sollte trocken sein, eine Einflugöffnung passender Größe besitzen, die möglichst weit oben in die Höhle hineinführt, und am besten sogar noch in eine günstige Himmelsrichtung geöffnet sein, am unbeliebtesten nach Norden hin.

Mit diesen Vorstellungen im Kopf erforschen die Nistplatzsucherinnen jede ihrer entsprechenden Entdeckungen gründlich. Der US-amerikanische Bienenforscher Thomas Seeley hat herausgefunden, dass sich die Biene, die einen infrage kommenden Wohnraum entdeckt hat, sogar einen Überblick über dessen Größe verschafft. Dazu geht sie in immer wechselnden Spuren die Innenwände so lange ab, bis ganz offenbar in ihr ein Bild vom Volumen der Höhle entstanden ist. Ist die Entdeckerin von der Eignung der Unterkunft überzeugt, geht es zurück zur Schwarmtraube, wo in Form des Schwänzeltanzes bei den umstehenden Bienen für dieses Ziel geworben wird. Da in der Regel jede der Nistplatzsucherinnen eine andere Möglichkeit entdeckt hat, für die sie per Tanz wirbt, beginnt nun eine hochkomplexe Kette von Verhaltensweisen und Interaktionen zwischen den Bienen, die am Ende den Schwarm zum besten aller entdeckten Ziele bringt.

Nach jahrzehntelanger Forschung hat Thomas Seeley dieses Wunder an Verständigung und Zusammenarbeit im Bienenvolk weitestgehend in seinen Einzelheiten aufklären können. Zunächst laufen Vorgänge ab, an deren Ende auf der Schwarmtraube nur noch für ein einziges Ziel geworben wird. Dieses Ziel wird dann von mehr und mehr der anderen Nistplatzsucherinnen angeflogen. Sie fliegen zwischen Schwarmtraube und dem Ziel hin und her und markieren es mit dem Pheromon aus der Nasanov-Drüse an ihrem Hinterleib.

Um den Schwarm zum explosionsartigen Aufbruch zu bringen, müssen alle Bienen ihre Körpertemperatur hochheizen. Wie bekommen die Bienen im Inneren der Schwarmtraube mit, was geschehen soll? Diejenigen, die das Ziel bereits besucht haben und dafür auf der Schwarmoberfläche tanzen, unterbrechen die Tänze, wühlen sich tief durch die Schwarmtraube hindurch und erzeugen Pieplaute. Jede angepiepte Biene beginnt daraufhin, ihre Temperatur hochzufahren. Nach etlichen Minuten sind auf diese Weise alle Bienen startklar, der Schwarm explodiert. Die Schwarmwolke, die nun in der Luft ist, hat zunächst keine Ahnung,

NACHFOLGENDE DOPPELSEITE

Die Spitze des Schwarmes erreicht die künftige Wohnung. Nur wenige Bienen des Volkes schaffen es, alle anderen zum Ziel zu bringen. Tänze auf der Schwarmtraube, Hin- und Herflüge zwischen der Bienentraube und dem Baum und Duftmarken am Zielbaum sind dafür die wichtigen Verhaltensweisen. Alles Bausteine, die wir auch in der Futterplatzrekrutierung wiederfinden.

wird diese Matte dichter, setzt sich bis nach oben fort und überzieht alle Waben. Sie hängt wie ein Schlafsack um den gesamten Wabenkomplex herum. Bei niedrigen Außentemperaturen werden die Maschen eng geknüpft, ist es außerhalb der Beute sehr warm, sind die Maschen weiter.

Man kann spekulieren, dass die sogenannten Bauketten, die man beim Wabenbau in Imkerbeuten beobachten kann und über deren Aufgabe bereits viel nachgedacht wurde, ein Rudiment dieser Netzbildung in einem natürlichen Bienennest sind. Zur Funktion oder gar den Funktionen dieses Verhaltens gibt es bisher keine gesicherte Antwort. Dient der »Schlafsack« der Regulierung von Temperatur und Feuchte rund um die Waben? Ist er lediglich der Pausenhof erschöpfter Wachsproduzenten und Baubienen? Übernimmt er eine Schutzfunktion für die jungfräulichen Waben?

Ist der Wabenbau gut vorangekommen, geht es an die Innengestaltung der Höhle. Die Wände werden nicht einfach unverändert gelassen, sondern über zwei Arbeitsschritte bienentauglich gemacht. Zunächst befreit eine Gruppe »Hobelbienen« die Oberfläche der Innenwand von losen Partikeln. Diese Bienen raspeln unermüdlich mit ihren Mandibeln über die Höhlenwände. Die so gelösten Partikel fallen auf den Höhlenboden und tragen dort mit den verlorenen Wachsschuppen zu einer ersten Bodenbedeckung bei. Ist diese Glättung der Wände beendet, tragen die Bienen eine Schicht aus Propolis auf, einer harzartigen Masse, die sie auf Basis von gesammelten Knospenabscheidungen selbst herstellen und die vor allem Schutzfunktionen übernimmt. Unsere Beobachtungen zeigen, dass die Bienen nicht etwa nur Spalten und Risse abdecken – die hatte unsere Höhle nicht –, sondern die komplette Innenwand damit überziehen, und zwar beginnend auf der Höhe der Waben, deren Längsausdehnung sich im Laufe der Zeit immer tiefer nach unten erstreckt.

In dieser Aufbereitung der Höhlenwände steckt sicherlich ein entscheidender Beitrag zum »Feng-Shui« der Bienenwohnung. Der Propolisüberzug verändert die physikalischen Eigenschaften der Höhlenwand, was sich wiederum auf das Binnenklima und hierbei insbesondere die Luftfeuchte, die nicht zu hoch werden darf, auswirken sollte. Vergleichsmessungen in Bienenbäumen und in standardmäßigen Imkerbeuten bestätigen diesen Verdacht: In Bäumen herrschen günstigere Bedingungen. Die antibakteriellen und antimykotischen Eigenschaften der Propolis, deren dünner Panzer am Ende das Bienennest von allen Seiten einhüllt, sind relevante Faktoren für die Gesunderhaltung der Bienen.

—

LINKS

Alles beginnt mit einer Zufallsentdeckung. Eine sogenannte Spurbiene hat die alte, schon lange verlassene Spechthöhle entdeckt und inspiziert sie äußerst gründlich. Ist sie von der Qualität der »Immobilie« überzeugt, kehrt sie zur wartenden Schwarmtraube zurück und wirbt durch Tänze für diese Schwarzspechthöhle. Das Werben erfolgt umso intensiver, je besser der Biene das Objekt gefällt.

—

RECHTE SEITE

Der Schwarm zieht ein. Die Schwarzspechthöhle ist unbewohnt, der Baum hat die ovale Öffnung umwallt. Im Inneren des Baumes haben Abbauprozesse die ursprüngliche Höhle vor allem nach unten hin ausgeweitet, was den Bienen sehr entgegenkommt. Eine frische Spechthöhle gibt nur wenige Entwicklungsmöglichkeiten.

—

VORHERGEHENDE DOPPELSEITE

Der Schwarm ist komplett in die Höhle eingewandert, umgibt zunächst die Einflugöffnung und läuft dann an der Innenseite nach oben (linke Seite)

—

Etwa anderthalb Stunden nach dem Einzug sind die meisten Bienen in einer Traube an der Höhlendecke rund um die Königin versammelt (rechte Seite)

—

LINKE SEITE

In der ersten Nacht in der neuen Wohnung, hier um vier Uhr früh, bildet sich eine dichte Bienenkugelpackung. So ruhig die Bienen äußerlich erscheinen, so sehr sind sie in dieser Phase stoffwechselaktiv. Der Wabenbau muss rasch angegangen werden. Dafür sind die Schwarmbienen auf sofortige Produktion des Wachses eingestellt. Sie haben ihr altes Nest mit vollen Honigmägen verlassen und können nun ihre Wachsdrüsen mit Materialbausteinen und dem Energiegehalt des Honigs arbeiten lassen.

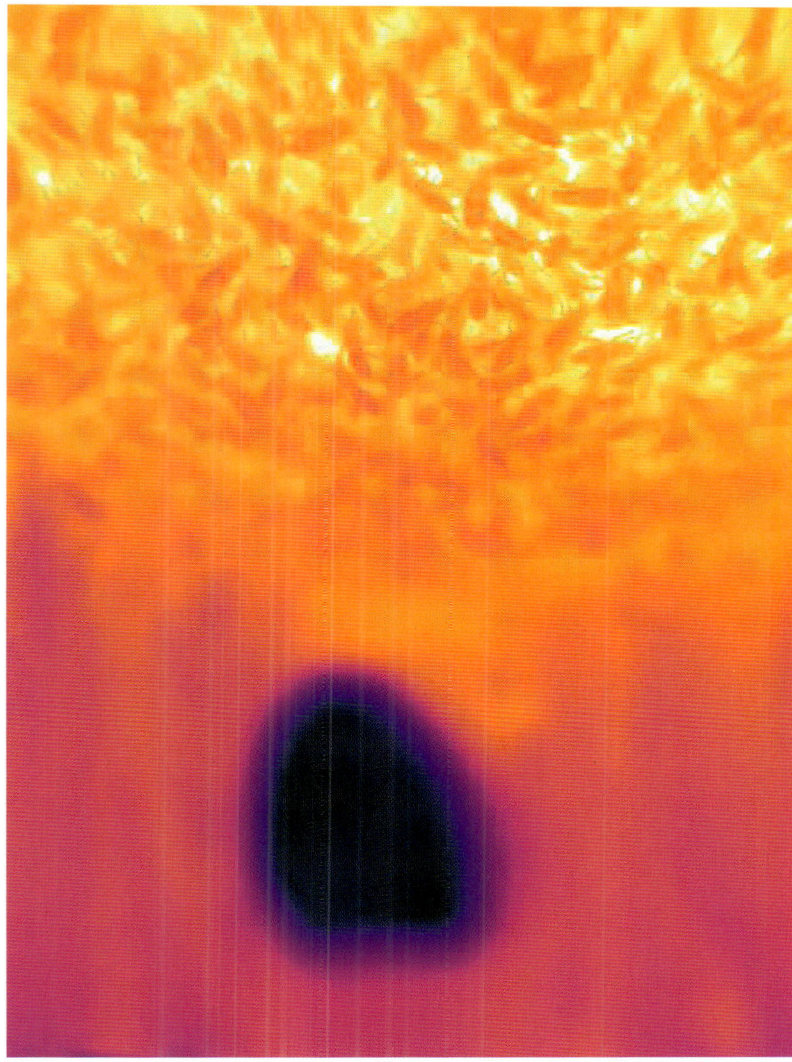

—

OBEN

Die Wärmebildkamera zeigt den Blick vom Inneren der Höhle nach draußen auf die schwarze, kalte Einflugöffnung und die warme Kugel aus Bienenkörpern an der Decke der Schwarzspechthöhle. Die ungewöhnlich starke Wärmebildung in einer Bienentraube ohne Brut ist ein Vorzeichen der nun einsetzenden Wachserzeugung.

—

Am ersten Morgen nach dem Einzug: An der Decke bilden die Bienen mit ihren Körpern mehrere dicht gepackte Schichten, die zum ersten Mal eine Art Beutel umgibt. Letzteren bilden ebenfalls Bienen, die sich mit ihren Beinen ineinander verhaken. Dieser Beutel wird in den kommenden Wochen und Monaten bestehen bleiben und sich als hochdynamische Struktur erweisen, deren »Maschen« mal enger und mal weiter angelegt werden, je nach Tageszeit, Bedingungen und Notwendigkeiten. Es drängt sich der Verdacht auf, dass es das vergebliche Bemühen der Bienen in Imkerbeuten ist, dort ebenfalls dieses Verhalten zu entwickeln, das sie sogenannte Bauketten bilden lässt. Die räumliche Enge in Imkerbeuten führt bestenfalls zu Ketten unterhalb der Wabenrähmchen, die dann durch das aufgezwungene lotartige Erscheinungsbild als Bauketten gedeutet werden, die für den Wabenbau eine Baurichtung vorgeben sollen. Der Blick in eine Baumhöhle lässt an dieser Deutung zweifeln.

—

Für die ineinander verhakten Bienen ist keine aktive Aufgabe zu erkennen. Sie erzeugen keine Wachsschuppen, und sie beteiligen sich nicht am Wabenbau. Sie verharren in der eingenommenen Haltung, verankert an ihren jeweiligen Nachbarinnen, stabil über viele Minuten bis Stunden.

—

Es scheint auch nicht, als würden die Bienen, die den »Beutel« bilden, schlafen, wenn man dafür ihre Körperhaltung als Anhaltspunkt nimmt. Fühler und Beine dieser mit dem Bauch nach oben hängenden Biene baumeln nicht nach unten, wie man es von schlafenden Bienen kennt, die in den Wabengassen ruhen.

»DUFTSPUREN, VON DEN BIENEN GELEGT, SIND WICHTIGE LEITLINIEN ZU ZIELEN DRAUSSEN IM FELD UND AM EINGANG ZUM NEST.«

—

OBEN

Es kommt vor, dass auch Drohnen mit dem Schwarm fliegen. Beim Neubau des Nestes haben sie keine Aufgabe und werden aus der Höhle geschleppt.

—

RECHTE SEITE

Diese Biene signalisiert dem Schwarm den Weg in die Höhle: Sie entlässt aus ihrer maximal geöffneten Nasanov-Drüse, dem glänzenden gelben Feld am Hinterleib, den Duftstoff Geraniol. Ihr Flügelwind schickt die Duftwolke nach draußen.

—

VORHERGEHENDE DOPPELSEITE

Etwa zwei Wochen nach dem Einzug in die neue Baumhöhle lassen sich bei diesem Bienenvolk die ersten (noch weißen) Waben zwischen den bauenden Bienen ausmachen. Der Bauvorgang selbst geschieht gänzlich im Verborgenen.

—

LINKE SEITE

Die acht Wachsdrüsenfelder auf der Bauchseite sind bei den Schwarmbienen voll aktiv. Wachs ausschwitzen, die Schuppen zerkauen und mit Enzymen anreichern spielt sich für den Beobachter unsichtbar in den Wabengassen ab.

—

OBEN

Eine Baubiene nimmt mit ihren Mundwerkzeugen, den Mandibeln, einer Nestgenossin Wachsschuppen ab.

—

LINKE SEITE/GANZ OBEN/
NACHFOLGENDE DOPPELSEITE

Baubienen zerkauen Wachsplättchen und tragen sie an den Wabenkanten an den Rändern der Zellen auf. Zu Beginn sind die Waben noch weiß. Erst im Laufe der Zeit verfärben sie sich von gelb bis dunkelbraun.

—

OBEN LINKS

Nicht wenige Wachsplättchen gehen bei der Übergabe verloren und landen am Höhlenboden

—

OBEN RECHTS

Baubiene beim Aufsammeln verlorener Wachsschuppen.

—

VORHERGEHENDE DOPPELSEITE

Die Waben wachsen nun nach unten, werden an der Höhlenrückseite befestigt und behalten einen Abstand zum Einflugloch. Hier die Ansicht am Tage (linke Seite).

—

Das typische Erscheinungsbild in einer warmen Sommernacht. Der Nesteingang wird durch Bienenkörper verschlossen, der Bienenbeutel hängt lose unter den Waben und verbindet diese so untereinander (rechte Seite).

—

LINKE SEITE

Der Nesteingang von außen nach einer warmen Sommernacht am frühen Morgen beim ersten Tageslicht. Ein dicker Pfropf aus Bienen hat während der Nacht den Eingang verschlossen. Im Inneren der Höhle lassen die Bienen vom Einflugloch viele Bienenlängen Abstand bis zu den Waben, der Verschluss füllt nur ganz direkt den Eingang und reicht nicht in die Höhle hinein. In kalten Nächten dagegen bildet sich dieser Pfropf nicht.

—

RECHTS

21:30 Uhr: Der Blick durch eine Wärmebildkamera von außen auf den Höhleneingang bei warmen Außentemperaturen. Die Bienen beginnen mit dem Nestverschluss. Diejenigen, die dafür ihre Position gefunden haben, verharren in Ruhe und lassen ihre Körpertemperatur absinken (im Bild blau).

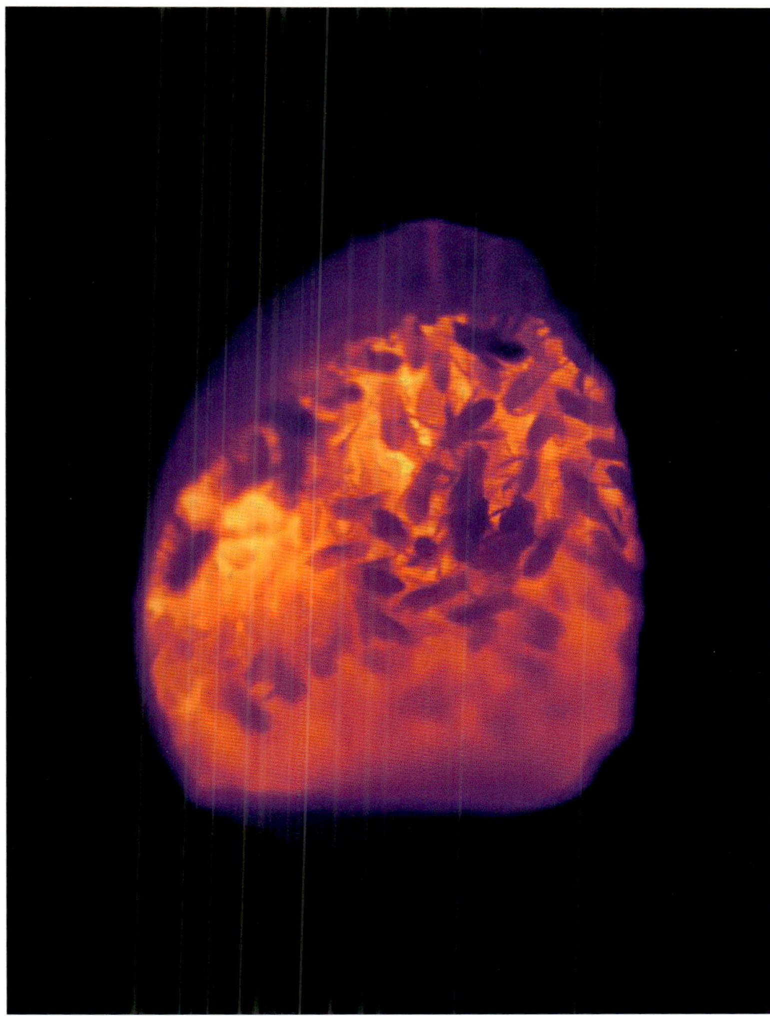

—

Nicht nur der Wabenbau beschäftigt das Bienenvolk nach dem Einzug in die Schwarzspechthöhle. Eine große Anzahl Bienen ist an der Innenwand der Baumhöhle mit Hobeln beschäftigt. Die geöffneten Mundwerkzeuge der Bienen, die Mandibeln, werden dabei auf die Wand aufgesetzt und von vorn nach hinten zum Körper hin über das Holz der Höhlenwand gezogen. Dann wird der Kopf gehoben, die Mandibeln werden wieder nach vorn bewegt und erneut auf das Holz aufgesetzt. Das Ganze geschieht in rascher Bewegung und häufiger Wiederholung. Nach einer Weile läuft die Biene ein kleines Stück weiter und bearbeitet ein neues Areal. So wird die Höhlenwand von losen Partikeln befreit und geglättet. Das Hobeln ist in der Imkerschaft bekannt und gibt dort Rätsel auf, da das Verhalten auf den glatt gehobelten Brettern der Bienenbeuten sinnlos erscheint. Das Studium der Bienen in ihrer angestammten Wohnumgebung, den Baumhöhlen, erklärt die Funktion dieses angeborenen Verhaltens, das beim Imker quasi ins Leere läuft.

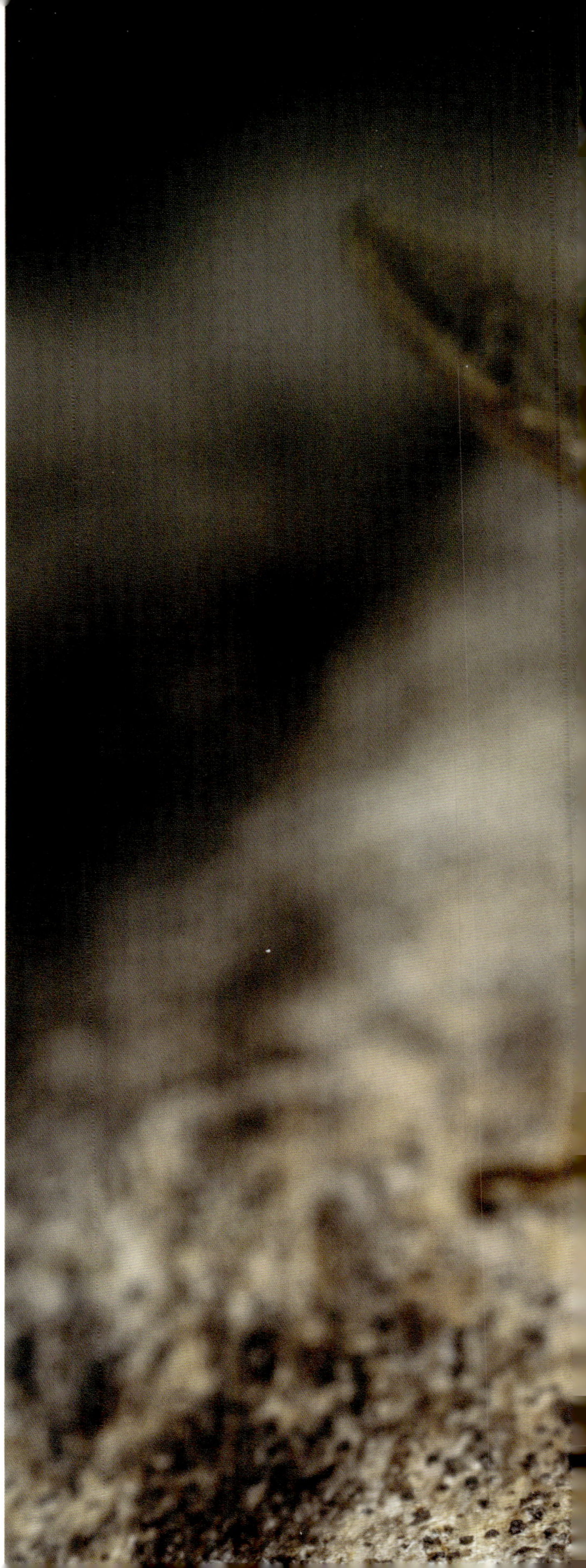

—

OBEN

Viele eifrige »Hobelbienen« beim Glätten der Höhleninnenwand rund um den Eingang

—

RECHTE SEITE

Die glatt gehobelten Flächen der Höhlenwand werden nun mit einer »Tapete« aus Propolis überzogen

—

NACHFOLGENDE DOPPELSEITE

Auch das war bisher unbekannt: Was in einer Imkerbeute nicht möglich ist, entwickelt sich in der Baumhöhle. Miteinander an den Beinen verhakte Bienen bilden unterhalb der Waben ein Netz, das den gesamten Durchmesser der Baumhöhle überspannt und ringsherum an der Höhlenwand verankert ist. Dieses Netz, hier ein Blick von unten, erscheint entweder eng- oder weitmaschig. Es ist völlig unverstanden, welche Faktoren hierauf Einfluss nehmen. Eine Regulierung des Klimas zwischen den Waben durch das Öffnen und Schließen von Lüftungswegen wäre eine mögliche Erklärung.

TRADITIONELLE IMKEREI

Lange bevor der Lehrer und Naturbeobachter Christian Konrad Sprengel im Jahre 1793 mit seinem Buch *Das entdeckte Geheimnis der Natur im Bau und der Befruchtung der Blumen* die Bestäubung der Blütenpflanzen erstmals beschrieb und dabei auch die Bedeutung der Honigbienen als wichtiges Bestäuberinsekt in das Wissen der Menschheit einbrachte, waren Honig und Wachs in ihrer Nützlichkeit bekannt und geschätzt.

Für die frühen Menschen, die als Sammler und Jäger die Wälder durchstreiften, waren die Begegnungen mit Bienenvölkern eher zufällig. Honig und Wachs wurden mit Sicherheit schon bei den ersten Zusammentreffen als hoch begehrte Funde erkannt. Eher zufällig erfolgte sicher auch die wichtige Entdeckung, dass sich mit einem stark rauchenden Feuer am Bienennest die Zahl der schmerzhaften Stiche bei der Honigentnahme vermindern lässt.

Als der steinzeitliche Mensch dann sesshaft wurde, waren seine Bewegungen im Wald rund um seinen Wohnsitz nicht mehr so großräumig. Die Wahrscheinlichkeit, auf neue Bienenvölker zu treffen, verringerte sich, und das wiederholte Aufsuchen bereits bekannter Bienennester rückte an deren Stelle. Jahr für Jahr konnte man nun schauen, ob die Bienenvölker, die man kannte, noch da waren und eine erneute Honigernte versprachen. Dafür wurden die Waben sicherlich als Bruchstücke durch die Öffnungen der Baumhöhlen gezogen, wie es sich auch an der ältesten bekannten Abbildung eines jungsteinzeitlichen Honigjägers ablesen lässt.

Aus diesen Anfängen entwickelte sich über Jahrtausende hinweg und auf immer geeigneteren Werkzeugen basierend die sogenannte Zeidlerei. Der Zeidler sammelte den Honig wilder Bienenvölker, aber nun nicht mehr aus zufällig entdeckten natürlichen Bienennestern. Er legte künstliche Höhlungen in Bäumen an, und zwar so, wie er es den natürlichen Bienenwohnungen abgeschaut hatte. Das Volumen der künstlichen Hohlräume, ihre Zugangsöffnung und ihre Positionierung mehrere Meter über dem Erdboden machten diese Angebote für Bienenschwärme auf Wohnungssuche hochattraktiv. Der Zeidler musste sich nicht um den Besatz mit Bienen kümmern, Bienenschwärme zogen von selbst dort ein. Den Bienenbäumen wurden oft die Wipfel entfernt, um die Gefahr des Windbruchs an der neu geschaffenen Schwachstelle am Stamm zu reduzieren. Der Zeidler kennzeichnete mit persönlichen, in die Baumrinde geschnittenen Markierungen die Bienenbäume als seinen Besitz, wie überhaupt die Zeidlerei als bedeutungsvolle Tätigkeit in einer umfassenden Rechtsordnung geregelt war. Dazu gehörte das Privileg, Waffen tragen zu dürfen, ein höchst sinnvolles Vorrecht zum Schutz gegen jene Waldbewohner, die vor allem den Bienen zusetzten: die Bären.

Der Honig war in der Zeidlerei das begehrteste Bienenprodukt, war er doch der einzige damals verfügbare Süßstoff.

So konnten die Zeidler die Honignachfrage kaum decken. Ebenso konnten sie aber auch dem steigenden Bedarf an Wachs immer weniger gerecht werden. Bienenwachs hatte als Grundsubstanz für die Produktion von Kerzen stark zunehmende Bedeutung, nachgefragt zur Beleuchtung von Klöstern, Kirchen, Burgen und Schlössern und immer mehr auch von Stadtwohnungen. Als Folge dieses wachsenden Bedarfs entstand parallel zur zunächst noch weiter bestehenden Zeidlerei die Imkerei.

Anders als die Zeidler betrachten und behandeln die Imker die Honigbiene als Haustier. Der Imker holte die Honigbienen aus den Wäldern und siedelte seine Bienenvölker in künstlichen Behausungen, den sogenannten Beuten, an, von denen bis heute eine Unzahl an Typen, Formen und Modellen entwickelt wurde. Zur Kontrolle des Imkers über die Bienenvölker gehört die Wahl des Standortes der Beuten, der nur sehr selten im Wald liegt. Bestenfalls im Zuge der Wanderimkerei bewegt der Imker seine Beuten für einige Wochen in die Nähe von Blattlauskolonien, wenn Waldhonig gewonnen werden soll.

Das Aufblühen der Imkerei brachte aber die Zeidlerei nicht komplett zum Verschwinden. Insbesondere in Osteuropa wird diese Art der Bienennutzung noch immer praktiziert. Dabei verlautbarten Zeidler bis heute nie ähnliche Katastrophenmeldungen über ein Bienensterben wie die Imker. Woran mag das liegen?

Zeidler verzichten bei ihren Bienenvölkern auf jegliche Eingriffe, abgesehen von der Honigernte. Sie lassen im Wald, dem angestammten Bienenhabitat, der Natur ihren Lauf. Die Bienenvölker leben in künstlich angelegten Baumhöhlen, deren Eigenschaften natürlichen Hohlräumen in Bäumen sehr viel näherkommen als die Beuten der Imker. Die Zeidler besiedeln die von ihnen geschaffenen Baumhöhlen nicht aktiv mit Bienen, sondern Bienenschwärme entdecken und beziehen diese Wohnmöglichkeiten von sich aus. In den künstlichen Baumhöhlen entwickelt sich im Laufe der Zeit ein ähnliches Miniatur-Ökosystem wie in einer bienenbewohnten Spechthöhle. Die Bienenvölker vermehren sich durch Schwärmen, und sie unterliegen der natürlichen Selektion. Der Zeidler ergreift keinerlei Maßnahmen gegen Bienenkrankheiten und -parasiten.

All das, zusammen mit den wachsenden Problemen rund um die Honigbienen in der Imkerei, führt zu einem neuen Interesse an der alten Zeidlerei. Sogar noch weiter gehend, zu einem verstärkten Interesse an wild lebenden Bienenvölkern in unseren Wäldern ganz allgemein. Die dadurch ausgelösten Studien haben einige Überraschungen hervorgebracht. Es gibt noch wild lebende Bienenvölker in Baumhöhlen, und es gibt sie häufiger, als man es für möglich gehalten hat. So fanden Benjamin Rutschmann und Patrick Kohl in unbewirtschafteten Buchenwäldern eine Dichte von einer bienenbesiedelten Spechthöhle pro fünf Quadratkilometer. Studien von Thomas Seeley, einem Pionier in der modernen

Beschäftigung mit wild lebenden Bienenvölkern, haben eine sogar noch höhere Dichte ergeben. Im Arnot Forest im Staat New York fand er etwa einen bewohnten Bienenbaum pro Quadratkilometer. Seeley stellte außerdem fest, dass diese frei lebenden Bienenvölker keineswegs von einem Befall mit der parasitischen Varroamilbe verschont bleiben, aber anders als Bienenvölker in Imkerhand mit diesem Problem leben können. Genetische Studien, die Seeley und Kollegen an wild lebenden beziehungsweise be-imkerten Bienenvölkern durchgeführt haben, ergaben deutliche genetische Unterschiede zwischen den Völkern, dies obwohl sie in der gleichen Region leben. Das lässt als Erklärung für die Koexistenz von Bienen und Milben den Schluss zu, dass die natürliche Selektion die untersuchte Population baumhöhlenbewohnender, nicht be-imkerter Bienenvölker an ein Leben und Überleben mit der Varroamilbe angepasst hat.

—
SEITE 164
Der polnische Zeidler Andrzej Pazura im Sommer 2019 mit traditioneller Ausrüstung an einem Bienenbaum. Zeidler sammeln den Honig wild lebender Bienenvölker, denen sie künstliche Baumhöhlen zur Verfügung stellen – ein sehr altes Handwerk, das bis heute ausgeübt wird.

—
OBEN
Auch heute noch im Einsatz: traditioneller Käfig zum Transport von Bienenköniginnen.

—

VORHERGEHENDE DOPPELSEITE

Altbewährt und noch immer genutzt: Geräte zum Aushöhlen von Bäumen und zur Pflege der Bienennester.

—

LINKE SEITE

Geöffnete Bienenhöhle eines Zeidlers, in 2019 aufgenommen. Seit sieben Jahren ist diese Bienenhöhle durchgehend besiedelt, ohne dass eine Behandlung gegen die Varroamilbe nötig gewesen wäre. Im Herbst wird nur ein geringer Teil des Honigs »geerntet«. Den Großteil lässt der Zeidler den Bienen, um gut über den Winter zu kommen.

—

RECHTS

Andrzej Pazura verschließt eine von ihm angelegte Baumhöhle

All diese hoch spannenden Beobachtungen führen zu einem neuen Blick auf die alte Kunst der Zeidlerei. Die Tatsache, dass die Zeidler die Bienenvölker weitgehend sich selbst überlassen, spricht dafür, dass diese komplett wild lebenden Bienenvölkern sehr nahestehen.

Wird sich die Zeidlerei eines Tages als eine Art der Begegnung von Biene und Mensch im Wald herausstellen, deren Erfahrungen in eine moderne Imkerei einfließen können? Als eine Begegnung, durch die sich in naturbelassenen Regionen Bienenbestände erhalten haben, deren Genpool, geformt durch die natürliche Selektion, eines Tages für die Imkerei wertvolle genetische Ressourcen darstellen wird? Und die als Art der Bienenbewirtschaftung sogar auch dort wieder Fuß fassen kann, wo sie vor Jahrhunderten ihre Blüte erlebte und danach von der Imkerei verdrängt wurde?

Es sollte nicht überraschen, wenn die Geschichte von Mensch und Biene im Wald um ein weiteres Kapitel fortgeschrieben werden würde, in dem die Rückkehr zu den Wurzeln der ersten Begegnung Pate steht. Dadurch könnten beide Partner gemeinsam nur gewinnen.

—

OBEN

Zugang zu einer von einem Zeidler angelegten Baumhöhle. Ein Holzkeil verkleinert den Eingang und erleichtert so den Bienen die Verteidigung gegen Räuber.

—

RECHTE SEITE

Blick in einen Zeidler-Bienenbaum: Die weißen Waben wurden frisch nachgebaut, weil der Zeidler hier honiggefüllte Waben geerntet hat.

»ZEIDLER BELASSEN DIE BIENEN IN IHREM ANGESTAMMTEN LEBENSRAUM.«

—

OBEN LINKS

Die Schwungfedern einer Taube sind um einiges weicher als kommerzielle Bürsten. Die Bienen werden damit nach dem Einräuchern des Bienennestes vom Zeidler schonend von den Waben abgefegt.

—

OBEN RECHTS

Frisch aus dem Bienenbaum herausgebrochene Honigwaben

—

RECHTE SEITE

Andrzej Pazura probiert frisch geernteten Honig, den seine Bienen aus Blüten- und Blattlausquellen des Waldes erzeugt haben

—
LINKE SEITE UND OBEN
Jeder Zeidler markiert seine Bienenbäume mit persönlichen Zeichen; hier die Signaturen zweier Zeidler. Ein Verfahren der Besitzanzeige, das in der Zeidlerei seit dem Mittelalter bis heute üblich ist.

—
NACHFOLGENDE DOPPELSEITE
Eine Alternative zu ausgehöhlten, lebenden Bäumen ist das Aufhängen von Klotzbeuten, wie hier in einem Wald in Polen. Von schwärmenden Bienen auf Wohnungssuche werden allerdings Höhlen in Bäumen gegenüber Klotzbeuten besser angenommen. Erstaunlicherweise scheint somit sogar schon die Klotzbeute, obwohl so nahe wie möglich an das Vorbild einer echten Baumhöhle angelehnt, für die Bienen ein wahrnehmbarer Schritt weg von einer richtigen Baumhöhle.

—
RECHTS
Der Smoker ist ein wichtiges Imkerwerkzeug: Der Rauch signalisiert den Bienen einen Waldbrand und veranlasst sie, sich zurückzuziehen.

EPILOG

Honigbienen und Imker gehören zusammen. Das ist so fest in unserer Vorstellung verankert, dass es die meisten Menschen sehr erstaunt, wenn sie hören, dass es wild lebende Bienenvölker gibt, um die sich kein Imker kümmert. Und falls ein aufmerksamer Wanderer im Wald ein Bienenvolk entdeckt, ist er zunächst einmal der Ansicht, dass diese Bienen einem Imker entschwärmt sein müssen.

Honigbienen werden als Haustiere betrachtet, die ohne die Obhut des Imkers nicht überleben können oder denen es ohne Menschen zumindest schlechter ginge. Das »betreute Wohnen« der Bienen hat seinen Anfang vor vielen Tausend Jahren genommen. Darstellungen aus dem Ägypten der Pharaonen, über 4000 Jahre alt, zeigen eine bereits hoch entwickelte Bienenhaltung mit Röhren aus getrocknetem Nilschlamm und die Gewinnung und Lagerung von Honig. Noch weiter zurückgehende archäologische Funde im Nahen Osten, mehr als 10 000 Jahre alte Fragmente von Tongefäßen, weisen Spuren von Bienenwachs auf. In diesen Zeitraum wird auch der Beginn der Sesshaftigkeit des Menschen bedingt durch die Entstehung des Ackerbaus datiert.

In seinem Buch *The Lives of Bees* trifft Thomas Seeley eine interessante Überlegung dazu, wie das Zusammenleben der ersten Bauern mit Bienenvölkern begonnen haben könnte: Schwärmende Bienen könnten Tongefäße oder Körbe, die leer und unbenutzt um die Wohnstätten der Menschen herumlagen, bezogen haben. Wie dem auch sei, die Honigbienen gehörten so früh in der Geschichte zum Bauern wie die Schafe und die Ziegen.

Eines der charakteristischen Merkmale der Landwirtschaft ist das Bemühen des Menschen, die Organismen, Pflanzen wie Tiere, die er zum Leben braucht, durch Zucht in seinem Sinne zu verändern. Die Veränderung des Erbgutes einer Organismengruppe durch Zucht setzt die Kontrolle über die Paarungen oder Besamungen voraus. Unter den daraus hervorgehenden Nachkommen erfolgt dann die gezielte Auslese der Individuen, die gewünschte Eigenschaften besitzen oder unerwünschte Eigenschaften in geringerem Maße oder gar nicht aufweisen und die dann zur weiteren Vermehrung zugelassen werden. So sind alle unsere heutigen Getreide- und Kartoffelsorten, unsere Hunde- und Rinderrassen und viele weitere Züchtungen entstanden, die sich von ihren jeweiligen Ausgangsformen doch zum Teil ganz erheblich unterscheiden.

Wie steht es in diesem Zusammenhang mit den Honigbienen, für die sich der Imker ja auch Eigenschaften wünscht, die für die praktische Imkerei vorteilhaft sind? Kann man unseren Bienen genetisch »abgewöhnen«, sich per Stich zur Wehr zu setzen? Und ihnen im Gegenzug »angewöhnen«, noch fleißiger Nektar zu sammeln? Sich beim Pollensammeln auf bestimmte Pflanzen zu konzentrieren? Sich gegen Parasiten wie die Varroamilbe zu wehren? Im Prinzip sollte

das machbar sein, da all diese und weitere Eigenschaften eine genetische Grundlage besitzen, die durch Zucht verändert werden kann.

Warum aber gibt es nach all den Jahrtausenden der Bienenhaltung durch den Menschen noch immer keine Honigbienen, die sich von ihrer Urform so unterscheiden wie der Dackel vom Wolf? Und wissen wir eigentlich genau, was wir tun, wenn wir durch künstliche Selektion das Erbgut von Organismen verändern?

Das Zusammenspiel zwischen den Genen, den durch sie hervorgebrachten Eigenschaften und der Umwelt ist hochkomplex. Hat man bei der Zucht eine bestimmte Eigenschaft im Blick und richtet die künstliche Auslese daraufhin aus, bleibt vollkommen unklar, was sich dadurch im für uns verborgenen Zusammenspiel zwischen den Genen ungewollt mitverändert. Klar ist aber, dass am Ende eines Selektionsprozesses ein engeres genetisches Spektrum zur Verfügung steht, als es in der Ausgangspopulation vorhanden war. Das kann sich rächen: Zustandsformen von Genen, man spricht von Allelen, die wegselektioniert wurden, sind verloren. Aus einem Hausrind lässt sich kein Auerochse mehr zurückzüchten.

Eine Reihe von Umständen haben bisher verhindert, dass wir heute mit einer Bienenform imkern, die infolge von Zuchtbemühungen nichts mehr mit ihrer Ausgangsform zu tun hat. Die Honigbiene ist auch in Imkerhand ein Wildtier geblieben. Das sehen wir auch daran, dass die Bienen in den Beuten der Imker noch immer Verhaltensweisen wie Baukettenbildung, Hobeln oder den Einsatz von Propolis (was sie in Klumpen auf die Innenwände der Beuten aufbringen) zeigen, die in einer Baumhöhle sehr sinnvoll sind.

In der gehobelten, engen Imkerbeute können sich solche Vorgänge aber nur rudimentär entfalten, daher wirkt dieses Verhalten hier sinnlos. Nur durch das Studium der Honigbienen in deren angestammter Umgebung können wir die Welt und die Bedürfnisse der Bienen verstehen und lernen, wie sie durch die natürliche Selektion entstanden sind.

Der Hauptgrund für das »genetische Beharrungsvermögen« und dafür, dass es unmöglich erscheint, Zuchtresultate an Honigbienen nachhaltig durchzusetzen, ist die fehlende Kontrolle über alle Bienenpaarungen, gewollt oder ungewollt, seitens der Bienenhalter. Es wurden zwar in den letzten einhundert Jahren immer weiter verbesserte Instrumente zur künstlichen Besamung einer jungfräulichen Bienenkönigin entwickelt, aber es gibt bis heute keine stabilen Zuchterfolge, die sich breitflächig durchgesetzt hätten. Alle Bemühungen der Züchter schaffen keine dauerhafte Veränderung im Erbgut der Honigbienenpopulation, solange jede durch Zucht veränderte Bienenbevölkerung wieder von außen Zugang bekommt.

Die Paarung von Bienen spielt sich im Flug hoch oben in der Luft ab – sehr selten beobachtet und noch nie fotografisch oder filmisch festgehalten. Dokumentiert ist nur eine künstlich herbeigeführte Paarung. Die Königin wird dafür an den Auslegern eines sich drehenden Karussells befestigt. Lässt man dann eine Drohnenschar frei, geschieht, was sich wohl so auch im freien Flug abspielt.

Würden alle Bienen und alle Imker mitspielen und nur gewünschte Paarungen zum Zuge kommen, hätte sich die Honigbiene von ihrer ursprünglichen Form entfernt. Aber so ist jedes Zuchtresultat an Honigbienen nur eine örtlich und zeitlich vorübergehende Erscheinung. So sorgen die Bienen durch ihre Paarungsbiologie selbst dafür, dass ihre genetischen Wurzeln erhalten bleiben. Die Honigbiene ist ein Wildtier geblieben. Diese Wurzeln reichen in einer endlosen Linie von Generationen über Jahrmillionen zurück und führen für unsere Honigbienen in die Wälder und zu ihren Wohnungen in hohlen Bäumen.

Nun haben wir zwar nicht die Honigbienen verändern und zu echten Haustieren machen können, die in ihrer »neuen« Daseinsform von uns Menschen abhängig wären, wie es das Hochleistungsmilchvieh ist, aber wir haben die Umwelt der Honigbienen, die auch unsere eigene Umwelt ist, massiv verändert. Auf diesem Wege haben wir nun doch die Honigbienen von uns abhängig gemacht – oder?

Wir bieten den Honigbienen künstliche Behausungen. Wir bewegen die Bienenvölker mit diesen Behausungen an Orte, an denen die Bienen möglichst viele Blüten vorfinden. Wir versorgen sie vor dem Winter mit ausreichend Nahrungs- und Energievorräten und packen ihre Wohnungen warm ein. Wir bekämpfen Bienenkrankheiten und Parasiten. Wir kümmern uns um immer neu auftauchende Bienenfeinde, wie den Kleinen Beutenkäfer oder die Asiatische Hornisse. Ganz

—

LINKE SEITE LINKS
Alle Extreme nahe beieinander: Bienenweide und Bienenwüste

—

LINKE SEITE RECHTS
Die ausgestülpten Mundwerkzeuge deuten darauf hin, dass diese Biene Opfer der Agrochemie geworden ist

—

LINKS
Der Wald als Wirtschaftsfaktor und als artenvielfältiger Lebensraum ist kein notwendiger Gegensatz

abgesehen von der Sympathie, ja sogar Liebe, die der Imker seinen Pfleglingen entgegenbringt.

Unseren Honigbienen müsste es wunderbar gehen. Erstaunlicherweise ist das nicht der Fall. Den Bienen geht es nicht gut, und die Imker sind nicht glücklich. Nimmt man die reine Statistik zur Hand in der be-imkerten Bienenvölker erfasst sind, wird ersichtlich, dass ihre Anzahl steigt. Mancherorts gibt es sogar so viele Bienen, dass unter den Völkern und zu anderen Bestäuberinsekten, wie den solitär lebenden Wildbienen, ungewollt echte Konkurrenz entsteht. Die Zahl der Bienenvölker ist aber nur so hoch, weil es immer mehr Menschen gibt, die sich um die bienenbelastenden Entwicklungen Sorgen machen und selbst durch eigene Bienenhaltung aktiv etwas für die Tiere tun wollen. Das Imkern wird immer aufwendiger und für den Imker zeitlich und finanziell zunehmend belastend. Macht der Imker alles richtig, ist die Wahrscheinlichkeit sehr groß, dass es seinen Bienen gut geht. Aber die Zeiten eines Wilhelm Busch, dessen Eingreifen in seine Bienenvölker in der Honigentnahme und dem Einfangen von Schwärmen bestand, sind endgültig vorbei.

Es ist unklar, wohin unser weiterer Weg führen wird. Wie wir Landwirtschaft betreiben, wie wir das Klima verändern und wie wir ganz generell mit der Welt des Lebendigen, deren Teil wir sind und von der wir abhängen, künftig umgehen werden.

Dieses Buch beweist einmal mehr, dass es in unseren Wäldern noch immer robuste wild lebende Honigbienenvölker gibt. Diese könnten das Potenzial besitzen, uns eines Tages aus Sackgassen im Umgang mit Bienen herauszuhelfen, in die uns gut gedachte, aber nicht immer gut gemachte Entwicklungen geführt haben. Dies sollte uns dazu veranlassen, uns noch mehr für diese Bienen zu interessieren und sie und ihren Lebensraum zu bewahren.

Im Laufe unserer Arbeit konnten wir eine Reihe von Erkenntnissen für die praktische Bienenhaltung gewinnen, so etwa in Bezug auf das Nestklima und die Mit-Lebewelt der Honigbienen im Miniatur-Ökosystem, das die Lebensgemeinschaft im hohlen Baum bildet, aber auch hinsichtlich der Orientierung, Navigation und Kommunikation der Bienen. Daraus lässt sich ein höchst spannendes Forschungsprogramm für kommende Bienenforschergenerationen ableiten. Auch dafür kann das Buch Anregungen geben.

BIENENFOTOGRAFIE

Ingo Arndt

Über die letzten zwei Sommer verteilt habe ich insgesamt acht Monate damit verbracht, Honigbienen zu fotografieren. Schnell war klar, dass ich mich besonders auf die wild lebenden Honigbienen in unseren Wäldern konzentrieren würde. Über das Leben der Bienen, so wie sie vom Imker gehalten werden, war schon viel bekannt und fotografiert. Mit Bildern von den wild lebenden Honigbienen konnte ich jedoch Neuland betreten. Kein Fotograf hatte bisher ihr geheimnisvolles Leben im Wald dokumentiert.

Das Projekt erforderte einigen Aufwand. Bilder von den wild lebenden Bienenvölkern am Eingang ihrer Baumhöhle konnte ich nur am Seil hängend in zwanzig Metern Höhe fotografieren. Für Aufnahmen von der Besiedlung einer ehemaligen Schwarzspechthöhle durch Honigbienen musste ich mir eigens eine Beobachtungshütte bauen, die mir Einblick in das Nest der kleinen Fluginsekten gewährte. Unzählige Stunden verbrachte ich darin, um die Entstehung eines wild gebauten Nestes festzuhalten. Die heißen Sommer der letzten beiden Jahre ließen meine Beobachtungshütte immer wieder zum Brutofen werden. Für andere Motive musste ein hoher technischer Aufwand betrieben werden. Ich baute Flugtunnel mit Lichtschranken, spezielle Beobachtungszelte, um eine Königin beim Eierlegen abzulichten, oder richtete Wasserstellen ein, um die Bienen beim Trinken zu fotografieren. Als Belohnung für die aufwendige Arbeit erhielt ich einmalige Bilder.

»DIE ARBEIT MIT HONIGBIENEN ERFORDERT EIN GEWISSES MASS AN LEIDENSFÄHIGKEIT.«

—
GANZ OBEN
Fotoarbeiten in der Beobachtungshütte mit Blick in das Bienennest
—
OBEN
Außenaufnahmen am Eingang der besiedelten Schwarzspechthöhle
—
RECHTS
Bienen-Shooting am Kletterseil hängend, 20 Meter über dem Erdboden

Sämtliche Aufnahmen in diesem Buch entstanden mit einer hochauflösenden 50-Megapixel-Spiegelreflexkamera. Um die kleinen Fluginsekten formatfüllend abzulichten, waren unterschiedliche Makro- und Lupenobjektive notwendig. Die meisten der über 80 000 Aufnahmen für dieses Projekt entstanden mithilfe unterschiedlicher Blitzgeräte.

—

LINKE SEITE OBEN

Auch der heimische Garten diente als Honigbienen-Fotostudio

—

LINKE SEITE UNTEN LINKS

Ingo Arndt beim Fotografieren der Zeidler in den Wäldern Polens

—

LINKE SEITE UNTEN RECHTS

Flugtunnel für die Kurzzeitfotografie von fliegenden Honigbienen

LITERATURNACHWEIS

Arndt, Ingo & Tautz, Jürgen: Architektier – Baumeister der Natur. Knesebeck, München 2013.

Kohl, Patrick & Rutschmann, Benjamin: The neglected bee trees: European beech forests as a home for feral honey bee colonies. PeerJ 6:e4602; DOI 10.7717/peerj.4602, 2018.

Kohl, Patrick & Rutschmann, Benjamin: Versteckt und unerforscht: Wild lebende Honigbienen in unseren Wäldern. Deutsches Bienenjournal, Juni 2018.

Ruppertshofen, Heinz: Der summende Wald. Ehrenwirth, München 1972.

Rutschmann, Benjamin, Kohl, Patrick & Roth, Sebastian: Beelining – wie man wild lebende Honigbienen findet. Deutsches Bienenjournal, Juli 2018.

Seeley, Thomas D.: Auf der Spur der wilden Bienen. Die Kunst der Honigjagd. S. Fischer Verlag, Frankfurt a. M. 2017.

Seeley, Thomas D.: The Lives of Bees. The Untold Story of the Honey Bee in the Wild. Princeton University Press, Princeton 2019.

Tautz, Jürgen (mit Fotografien von Helga R. Heilmann): Phänomen Honigbiene. Spektrum Akademischer Verlag, Heidelberg/München 2007.

Tautz, Jürgen & Steen, Diedrich: Die Honigfabrik. Die Wunderwelt der Bienen – eine Betriebsbesichtigung. Gütersloher Verlagshaus, Gütersloh 2017.

Wagner, Max: Das Zeidelwesen und seine Ordnung im Mittelalter und in der neueren Zeit. Saxoniabuch, Dresden 2016 (Nachdruck der Originalauflage von 1894).

INGO ARNDT gehört seit vielen Jahren zu den herausragenden Naturfotografen. Er ist für seine umfangreichen Tierreportagen bekannt, die regelmäßig international in Magazinen wie National Geographic, GEO oder Terra Mater publiziert werden. Bisher veröffentlichte er 18 Bücher und erhielt zahlreiche Auszeichnungen, darunter den Deutschen Preis für Wissenschaftsfotografie sowie zwei World Press Photo Awards. Ingo Arndt ist vielfacher Preisträger des Wildlife Photographer of the Year Award und des Europäischen Naturfotografen des Jahres. Seine Fotografien werden weltweit in Museumsausstellungen gezeigt.

DANKE

Ein so umfangreiches Projekt wie dieses zu fotografieren ist nur mit der Hilfe vieler Menschen möglich. Ohne ihre Unterstützung wären viele Bilder in diesem Buch nicht realisierbar gewesen. Bei folgenden Personen, Firmen und Institutionen möchte ich mich herzlich bedanken:

Jacek Adamczewski, Anna Brand, Roland Brand, Petra Diener, Carmen Diessner, Tomasz Dzierżanowski, Marius Jordan, Winfried Jordan, Christoph Koch, Patrick Laurenz Kohl, Ulrich Mergner, Jan Michels, Jörg Müller, Andrzej Pazura, Piotrek Pazura, Hans Pohl, Alex Roosen, Benjamin Rutschmann, Torben Schiffer, Luis Sikora, Simon Thorn und Hartmut Vierle.

Dr. Stefan Berg, Institut für Bienenkunde und Imkerei, Veitshöchheim, Prof. Dr. Bernd Grünewald, Institut für Bienenkunde, Oberursel.

AC-Foto, Gitzo, Hahnemühle, König Photobags, Manfrotto und Swarovski Optik.

Dem Chefredakteur Robert Sperl und der Bildchefin Isabella Russ von Terra Mater danke ich für das Vertrauen, mich damit zu beauftragen, für das Magazin eine Story über Honigbienen zu fotografieren – der Startschuss für dieses Projekt.

Dem gesamten Team des Knesebeck Verlages danke ich für die, wie immer, sehr kreative und vertrauensvolle Zusammenarbeit.

Meiner Frau Silke Arndt danke ich für ihre wunderbare Gestaltung des Buches. Für ihre Geduld und Begeisterung während der sehr zeitintensiven Fotoarbeiten für das Projekt. Ich danke ihr auch dafür, dass ich unseren Garten über zwei Jahre hinweg in ein Freiland-Fotostudio für Honigbienen umbauen durfte, und dafür, dass sie selbst die damit verbundenen und unvermeidlichen Bienenstiche tapfer hingenommen hat.

Ganz besonders möchte ich mich auch bei Jürgen Tautz für die freundschaftliche Zusammenarbeit bedanken. Ohne seinen unermüdlichen Einsatz, seine Hilfe und sein Fachwissen wäre dieses Projekt nicht zustande gekommen.

JÜRGEN TAUTZ ist ein deutscher Verhaltensforscher, Soziobiologe und Bienenexperte. Er ist emeritierter Professor am Biozentrum der Julius-Maximilians-Universität Würzburg. Seit 2004 ist er Gründungsvorsitzender des Vereins Bienenforschung Würzburg e.V. Jürgen Tautz entwickelte und leitet die Umweltbildungs- und Umweltforschungsprojekte HOBOS und we4bee. 2012 wurde er mit dem renommierten Communicator-Preis ausgezeichnet, der von der DFG an Wissenschaftlerinnen und Wissenschaftler vergeben wird, die sich in hervorragender Weise um die Vermittlung ihrer wissenschaftlichen Ergebnisse in der Öffentlichkeit bemühen.

DANKE

Wie mit Sicherheit für die meisten unserer Bildbetrachter und Leser, waren die Honigbienen für mich geprägt von dem Bild, das man auch als Bienenforscher und als Imker bekommt, geprägt nämlich vom Umgang mit den Bienen und ihrem Studium unter den »üblichen« Haltungsbedingungen. Das Wissen um die Art und Weise einer erfolgreichen Imkerei ist das Resultat vieler Überlegungen und Versuche engagierter Menschen, die zeigen und gezeigt haben, wie man Bienen unterbringen und betreuen muss.

Es ist spannend zu beobachten, dass nicht zuletzt ausgelöst durch eine immer aufwendigere Bienenhaltung der Blick zunehmend dahin geht, was eigentlich ein Augangspunkt hätte sein können – zur Frage: Wo und wie leben eigentlich die Honigbienen in Freiheit, und unter welchen Lebensbedingungen sind im Laufe der Evolution ihre Eigenschaften und Fähigkeiten entstanden? Können wir aus diesem Wissen Anregungen übernehmen, die sowohl den Bienen als auch den Imkern entgegenkommen?

Solche Ideen entstehen in vielen Köpfen, und es ist ein Glücksfall, wenn man sich dazu fruchtbar austauschen kann. Für die zahlreichen Gespräche, deren Resultate als »Eisbergspitze« in dieses Buch eingeflossen sind, danke ich unter vielen anderen in der Reihenfolge, die das Alphabet für Nachnamen vorgibt:

Antonio Gurliaccio, Patrick Kohl, Gaby Läbisch, Sigrun Mittl, Moses M. Mrohs, Felix Remter, Miriam Remter, Sebastian Roth, Benjamin Rutschmann, Roland Sachs, Torben Schiffer, Thomas Seeley, Karin Sternberg und André Wermelinger.

Ingo und Silke Arndt danke ich für eine tolle nahezu zweijährige Zusammenarbeit, dem Team des Knesebeck Verlages für eine Unterstützung, wie man sie sich als Autor nur wünschen kann, und unserer Lektorin Claudia Caesar für ihre Sorgfalt.

Meiner Frau Rosemarie Müller-Tautz danke ich für das Verständnis, das einen als Partner vor dem schlechten Gewissen bewahrt, doch mal wieder sehr viel Zeit in ein solches Projekt gesteckt zu haben.

—

SEITE 8/9

Über Facettenaugen, Fühler und unzählige Sinneshaare beziehen Honigbienen wichtige Informationen, um ihre Aufgaben im Alltag auszuführen

—

SEITE 10/11

Wasserholerinnen tanken auf für den Einsatz als Klimaanlage in ihrem Nest

—

SEITE 12/13

Die Inspektion einer leeren Zelle klärt, was hier getan werden muss

—

SEITE 14/15

Blick auf frische Waben eines Honigbienennestes in einer Baumhöhle

—

SEITE 16/17

Bienennest in einer verlassenen Schwarzspechthöhle hoch über dem Waldboden

Sonderausgabe
1. Auflage 2025
Deutsche Originalausgabe

Ein Unternehmen der Média-Participations

Die Fotografien dieses Buches wurden weder verändert noch manipuliert, Ausnahme: Im Bild auf Seite 74 wurde ein Schatten im Hintergrund retuschiert. Seite 8/9 zeigt eine präparierte Honigbiene, im Labor fotografiert und aus 186 Einzelbildern zusammengefügt (Focus Stacking).

Projektleitung: Victoria Salley, Knesebeck Verlag
Lektorat: Dr. Claudia Caesar, Bad Homburg
Umschlaggestaltung, Layout, Illustration, Satz © Silke Arndt, Schlüchtern
Herstellung: Arnold & Domnick, Leipzig
Druck: Printer Trento, Trient
Printed in Italy

ISBN 978-3-95728-995-7